"101计划"专业精讲

# 什么是生物科学?

帅　赵心清　冯家勋　编著

WHAT IS

BIOLOGY?

大连理工大学出版社
Dalian University of Technology Press

**图书在版编目(CIP)数据**

什么是生物科学? / 赵帅, 赵心清, 冯家勋编著.
大连 : 大连理工大学出版社, 2024. 9. -- ("101 计划
"专业精讲). -- ISBN 978-7-5685-5163-2

Ⅰ. Q-49

中国国家版本馆 CIP 数据核字第 2024T35A46 号

**什么是生物科学?** SHENME SHI SHENGWU KEXUE?

出 版 人:苏克治
策划编辑:苏克治
责任编辑:王　伟　李宏艳
责任校对:周　欢
封面设计:奇景创意

出版发行:大连理工大学出版社
(地址:大连市软件园路 80 号,邮编:116023)
电　　话:0411-84708842(发行)
0411-84708943(邮购)　0411-84701466(传真)
邮　　箱:dutp@ dutp. cn
网　　址:https://www. dutp. cn

印　　刷:辽宁新华印务有限公司
幅面尺寸:160mm×230mm
印　　张:10. 25
字　　数:102 千字
版　　次:2024 年 9 月第 1 版
印　　次:2024 年 9 月第 1 次印刷
书　　号:ISBN 978-7-5685-5163-2
定　　价:99. 00 元

# 出版者序

高考,一年一季,如期而至,举国关注,牵动万家!这里面有莘莘学子的努力拼搏,万千父母的望子成龙,授业恩师的佳音静候。怎么报考,如何选择大学和专业,是非常重要的事。如愿,学爱结合;或者,带着疑惑,步入大学继续寻找答案。

大学由不同的学科聚合组成,并根据各个学科研究方向的差异,汇聚不同专业的学界英才,具有教书育人、科学研究、服务社会、文化传承等职能。当然,这项探索科学、挑战未知、启迪智慧的事业也期盼无数青年人的加入,吸引着社会各界的关注。

在我国,高中毕业生大都通过高考、双向选择,进入大学的不同专业学习,在校园里开阔眼界,增长知识,提升能力,升华境界。高中生如何更好地了解大学,认识专业,明晰人生选择,是一个很现实的问题。为此,我们在社会各界的大力支持下,延请一批在知名大学工作多年的老师,与我们共同策划、组织编写了“101 计划”专业精讲丛书。这些老师以科学的角度、专业的眼光、深入浅出的语言,系统化、全景式地阐释和解读了“101 计划”所包括的学科的学术内涵、专业特点,以及将来的发展方向和社会需求。

“101 计划”作为教育部组织实施的本科教育教学改革工作计划,2021 年 12 月率先在计算机领域启动,2023 年 4 月在数学、物理学、化学、生物科学、基础医学、中药学、经济学、哲学等基础学科领域启动。“101 计划”专业精讲丛书由各学科领域的知名专家撰写,致力于对各学科领域进行精练扼要的介绍,希望能够以此帮助准备进入大学的同学,让他们满怀信心地再次起航,踏上新的、更高一级的求学之路。同时也为一向关心大学学科建设、关心高教事业发展的读者朋友搭建一个全面涉猎、深入了解的平台。

综上所述,我们把“101 计划”专业精讲丛书推荐给大家。

一是即将走进大学,但在专业选择上尚存困惑的高中生朋友。如何选择大学和专业从来都是热门话题,市场上、网络上的各种论述和信息,有些碎片化,有些鸡汤式,难免流于片面,甚至带有功利色彩,真正专业的介绍尚不多见。本丛书的作者来自高校一线,他们给出的专业画像具有权威性,可以更好地为大家服务。

二是已经进入大学学习,但对专业尚未形成系统认知的同学。大学的学习是从基础课开始,逐步转入专业基础课和专业课的。在此过程中,同学对所学专业将逐步加深认识,也可能会伴有一些疑惑甚至苦恼。目前很多大学开设了相关专业的导论课,一般需要一个学期完成,再加上面临的学业规划,例如考研、转专业、辅修某个专业等,都需要对相关专业既有宏观了解又有微观检视。本丛书便于系统地识读专业,有助于针对性更强地规划学习目标。

三是关心大学学科建设、专业发展的读者。他们也许是大学生朋友的亲朋好友,也许是由于某种原因错过心仪大学或者喜爱专业的中老年人。本丛书文风简朴,语言通俗,必将是大家系统了解"101 计划"各专业的一个好的选择。

坚持正确的出版导向,多出好的作品,尊重、引导和帮助读者是出版者义不容辞的责任。大连理工大学出版社在做好相关出版服务的基础上,努力拉近高校学者与读者间的距离,尤其在服务一流大学建设的征程中,我们深刻地认识到,大学出版社一定要组织优秀的作者队伍,用心打造培根铸魂、启智增慧的精品出版物,倾尽心力,服务青年学子,服务社会。

希望"101 计划"专业精讲丛书能够成为学生探索世界的

起点,激励他们在求知的道路上不断前行。我们也期待着这套书能够成为教师创新教学的工具,为我们的教育事业注入新的活力。

“101 计划”专业精讲丛书是一次大胆的尝试,也是一个有意义的起点。我们将不断努力,砥砺前行,为美好的明天真挚地付出。希望得到读者朋友的理解和支持。

谢谢大家!

苏克治

**2024 年 8 月**

# 前　言

自从破译了人类基因组，生命科学领域，甚至整个科学技术界进入了一个崭新的时代。虽然生物科学的重要性在一段时期内存在“争议”，但近年来，生物科学专业毕业生的就业形势一片大好，国家对生物技术也更加重视，越来越多的生物科技公司受到投资者的密切关注。生物科学也是21世纪发展最快、最活跃的学科之一。生物科学和我们的生活息息相关，如“强身壮体”的健康功臣——乳酸杆菌，推动绿色制造实现碳减排的工具——酶，等等，已渗透到多个领域，催动了多个新学科、交叉学科的涌现。

生物科学是研究生命现象和生物活动规律的科学，通过阐明和控制生命活动，改造自然，为工农业、医药和食品等实践活动服务，提高人们的生活质量。生物科学的研究内容与人类的生产、生活、健康及人类社会的可持续发展息息相关。生物世界存在着非常多的奥秘,等待我们去发现,在提高认知的基础上,让我们能更好地利用不同的生物技术和相关技术,为人类的健康长寿和美好生活服务。

我国科学家在胰岛素的人工合成、超级杂交水稻研究、青蒿素发现、人工酵母染色体合成等生物科学研究中取得了突破性的进展,我国在代谢工程和合成生物科学领域也拥有一大批高水平的专家学者。但是,我国在某些关键的生物科学领域还面临着挑战,比如,我国对石油和天然气等能源长期依赖进口,迫切要求发展可再生的生物能源和生物燃料来部分替代石化资源,并助力碳减排。但是,目前生物燃料生产技术的实际应用还存在成本高的问题。此外,我国目前是全球最大的大豆进口国之一,农作物、畜禽和微生物种质资源需要具备核心专利技术,不断提升质量等,都是我们面临的挑战,需要大批生物科学专业人才来提升我国生物科技的竞争力。

本书按照以下顺序为读者进行介绍:首先介绍了相遇大自然的奇妙、不可不知的生物科学知识、开启生物革命,让读者更深入地了解生命的奥秘,以及人类为此作出的努力,然后介绍了如何学习生物科学、生物科学的优势及就业前景,让读者更清楚生物科学的"前世今生"。

相信未来会有更多的生物科学人才在工业、农业、医药、食品等领域为实现人类更美好的生活而服务。

本书在编写过程中,参考了同行专家、学者已出版的生物科学方面的文献和一些网络资料,在此对相关作者表示衷心的感谢。由于编者水平和能力有限,本书若有不当或错漏之处,恳请广大读者批评指正。

编著者

**2024 年 8 月**

# 目 录

# 相遇大自然的奇妙

大自然的每一个领域都是美妙绝伦的。

——亚里士多德

在教育部公布的学科目录中，生物科学（Biology）学科下设有生物科学、生物技术、生物信息学、生态学等专业。生物科学是自然科学的五大基础学科之一，是研究不同的生物（包括植物、动物和微生物）的结构、功能、进化和发展规律的学科。

生物世界五彩斑斓、多姿多彩，我们在感叹大自然美妙的同时，更想去探索生物世界的奥秘。

## ››无法想象的奇花异草

大千世界，无奇不有。自然生物，千姿百态。除了丰富多样的动物和微生物，还有各种独特的奇花异草。它们一起组成了多彩有趣的生物世界，生物科学的学习有助于我们更深刻地理解奇妙的大自然。

## >>>大师兄的华丽转身——猴面小龙兰

猴面小龙兰,拉丁学名为 *Dracula simia*(Luer) Luer,别名猴脸兰花,兰科,小龙兰属小型附生兰,绽开的花朵酷似猴脸:两个长萼和花瓣组成了“猴脸”;花蕊和花柱组成了“猴眼睛”;花朵最里面的唇瓣是“猴嘴”;细细的线条就是猴脸上的“猴毛”(图1)。猴面小龙兰主要分布在南美洲的厄瓜多尔、哥伦比亚等高山海拔地区。

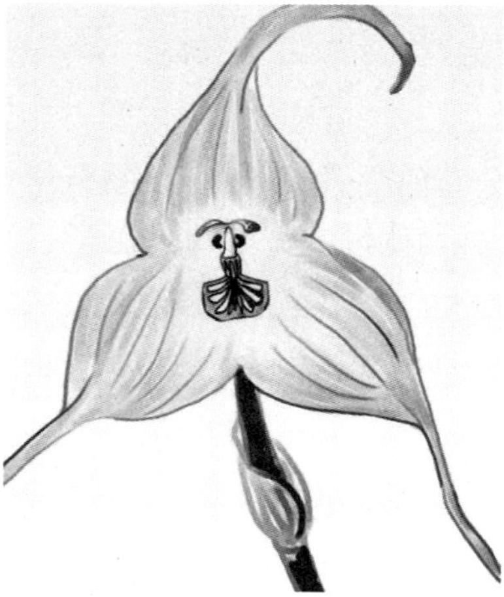

图1 猴面小龙兰

## >>>蓝天碧水的向往——飞鸭兰

飞鸭兰,拉丁学名为 *Caleana major*,兰科,卡莉娜属,多年生草本植物。绽放时像一只展翅凌空飞起的小鸭子,向往自由,遨游蓝天。唇瓣犹如鸭头,侧萼片犹如鸭翅,后萼片、侧瓣、合蕊柱等形态颇似鸭身，花色由深红色、紫色及部分绿色组成(图 2)。飞鸭兰生长在澳大利亚的东部和南部地区的森林及灌木丛，为澳大利亚特有的珍稀兰科物种，至今无法成功人工栽培。由于其数量稀少，已被当地政府列为保护植物。

图 2　飞鸭兰

## ›››独自孤傲、默默绽放——大王花

大王花，拉丁学名为 *Rafflesia* spp.，大花草科，大王花属，是 20 种肉质寄生草本植物的总称，被誉为世界花王，最大花朵直径可达 1.4 米，质量最高达 11.3 千克。大王花有 5 片花瓣，上面有点点白斑，每片长约 30 厘米，质量约为 3.5 千克。整个花冠呈鲜红色，像一轮太阳，十分娇艳夺目

(图 3)。大王花一生只开一次花,且花期只有短暂的 4 天。花苞绽放初期具有香味,之后散发出刺激性的腐臭气味,也有腐尸花之称。花期过后,会形成半腐烂的果实。惊艳的花朵结出腐烂的果实,是植物界的一个奇观。

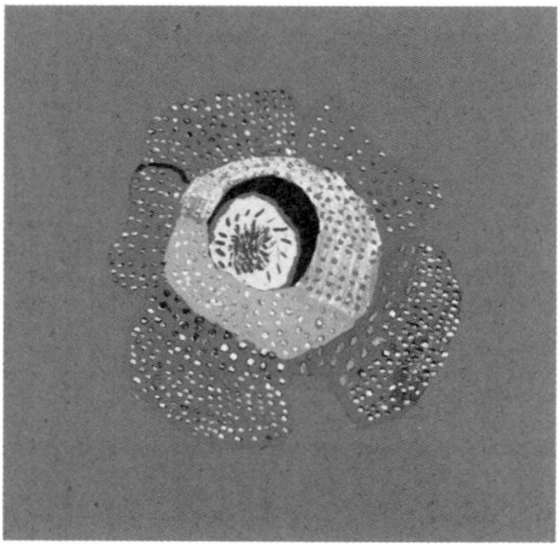

图 3　大王花

为什么大王花会奇臭无比呢?原来是物竞天择的结果,为了更好地传宗接代。花朵释放的臭味,会吸引大量的苍蝇和臭虫等昆虫。花粉可分泌大量类似鼻涕的黏液,粘在昆虫背上,让这些昆虫帮助传粉做媒。同时,臭味使大型动物等退避三舍,从而保护了自己。

大王花分布在马来西亚和印度尼西亚的爪哇岛、苏门答腊岛等的热带雨林中,在东南亚国家都可被发现。近年来,由于人类过度采伐木材等,当地雨林正在急剧减少。环境的破坏导致大王花数量逐年递减,再加上当地人的滥采,使大王花濒临灭绝。当地政府已出台政策保护大王花，例如壮丽大王花（*Rafflesia magnifica*）被列入《世界自然保护联盟》2013年濒危物种红色名录 ver 3.1——极危。

## ›››神秘、飞翔、寻梦——白鹭兰花

白鹭兰花，拉丁学名为 *Habenaria radiata*，兰科，玉凤花属，又名鹭草、日本鹭草、狭叶白蝶兰。其花的形状似展翅飞翔的白鹭，姿态翩跹。洁白无瑕的花瓣，犹如白鹭的翅膀，纤细、柔软，小心翼翼地展开，纯洁唯美（图4）。如果有风吹来，一朵朵形如白鹭的兰花，随风摆动，犹如一行白鹭上青天。白鹭兰花原产于朝鲜、日本等国家和中国台湾地区，现在中国云南、贵州等地也有分布，野外生长的已经濒临灭绝。白鹭兰花喜欢生长在海拔1 200～1 900米、向阳潮湿的坡地与林地。

图4　白鹭兰花

## ›››快乐的“外星人”——达尔文蒲包花

达尔文蒲包花,拉丁学名为 *Calceolaria uniflora*,蒲包花科,蒲包花属,多年生宿根植物,亦称达尔文的拖鞋,是阿根廷与智利的特有物种。进化论的奠基人查理·罗伯特·达尔文在南美洲南端的火地岛首次发现。达尔文蒲包花,也被称为“快乐的外星人”:酷似外星人的眼睛、嘴巴,捧着的白色布袋,犹如在演绎着一种外太空的时尚(图5)。

图5　达尔文蒲包花

## ›››小超人——意大利红门兰

意大利红门兰,拉丁学名为 *Orchis italica* Poir.,又称意大利男人兰，兰科，红门兰属，地生草本植物。整朵花的造型，像个小超人，非常奇特(图6)。

图6　意大利红门兰

意大利红门兰，株高为20～50厘米，总状花序顶生，具多数花，花较小，一般呈粉红色或紫色，少有纯白色，悬挂在枝条上面。花期为4—5月。原产于地中海地区，尤其在希腊旅游胜地克里特岛上最多。

## 国宝大熊猫——素食还是肉食？

大熊猫，拉丁学名为 *Ailuropoda melanoleuca*，食肉目、熊科、大熊猫亚科和大熊猫属中唯一的哺乳动物。头躯长为1.2～1.8米，尾长为10～12厘米。

大熊猫体重为 80 ~ 120 千克，最高可达 180 千克，体色为黑、白两色。大熊猫已生存了至少 800 万年，被誉为"活化石"和"中国国宝"，是国家一级保护动物(图 7)。

图 7　大熊猫

让人想不到的是，咬合力仅次于北极熊，能爬 20 米高的树，轻而易举地干掉几头狼的大熊猫，现在却一天 12 小时以上都在啃竹子，好吃懒做。2008 年 10 月 11 日，世界首张大熊猫基因组图谱绘制完成。大熊猫具有 21 对染色体，约 30 亿个碱基对，包含 2 万~3 万个基因，但是没有发现能促使大熊猫消化竹子的基因。在肠道基因组测序中发现，大熊猫是依赖肠道菌群帮忙消化竹纤维的。但是，大熊猫从竹子身上汲取的营养十分有限，迫使其不间断地进食来满足自身需求。

是什么原因迫使大熊猫放弃捕食肉食，改为素食竹子呢？

800 万年前，大熊猫的先祖始熊猫生活在云南禄丰等地的潮湿的雨林里，食物充沛，餐餐有肉，过得十分自在。然而，地壳运动、气候变化，冰河世纪来临，北方大型动物迫于严寒，开始南迁，其中凶狠彪悍的北方食肉动物开始和大熊猫抢肉，食草动物和大熊猫抢零食，使得始熊猫只能在狭缝中求生存。

竹子营养匮乏，一般食草动物无人问津，广泛分布在今秦岭及四川地区，为始熊猫提供了一线生机，使其开始了素食之路。长期处于营养不良的状态，使始熊猫演化为与藏獒般大小的小种大熊猫（*Ailuropoda microta*）。

100 万年前，地壳再次运动，秦岭和云贵高原隆起，挡住寒风，气候变暖，北方大型动物开始回迁，令大熊猫的生存空间得到极大的扩充。但是，很难改变几百万年形成的习惯，只能继续好吃懒做，小种大熊猫开始变胖，变成巴氏大熊猫（*Akluropoda melanole*）。

在历史的长河中，环境因素不但改变了大熊猫的生活习性，也或多或少地改变了大熊猫的某些基因。其中，食肉动物尝出鲜味的决定性基因 T1R1 失活，导致大熊猫食肉或食素无任何差异。另外,基因 DUOX2 发生突变,导致大熊猫甲状腺素合成减少,体内新陈代谢速度降低,从而嗜睡、表情呆萌。这些变化,使大熊猫很难重振当年雄风。

## ›› 牛吃的是草,挤出来的是奶

学习生物科学不仅能了解奇妙的万事万物,也能更深刻地理解生物的生长和代谢是如何进行的。鲁迅先生曾经说过:“牛吃的是草,挤出来的是奶。”(图 8)喻义是即使吃的是最普通的东西,也可以创造出珍贵无比的财富,这是哲学方面的解释。那么我们看看真正在科学上该如何解释。

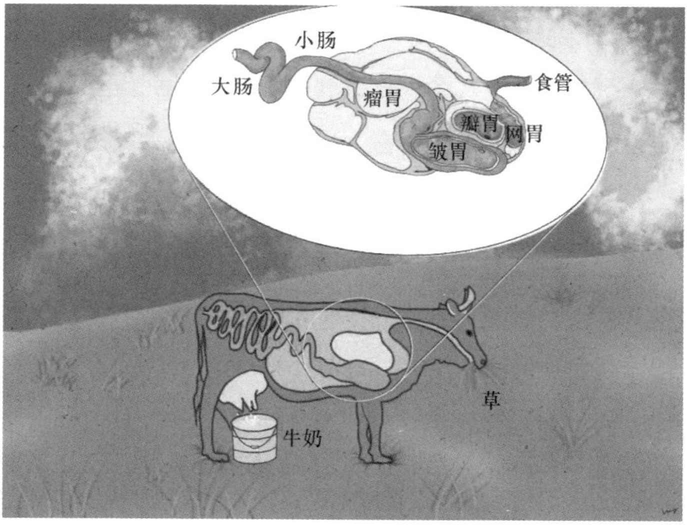


图 8　牛吃的是草,挤出来的是奶

牛是反刍动物，以草为食。在长期的进化过程中，牛形成了 4 个胃，分别为瘤胃（第一胃，或草胃）、网胃（第二胃，或蜂巢胃）、瓣胃（第三胃，或重瓣胃，或百叶胃）和皱胃（第四胃，或真胃）。牛胃容积很大，一般为 100～250 升。其中，瘤胃约占全胃容积的 80%。瘤胃对牛是非常重要的，是牛的草料贮存库。白天吃进去的草，先贮存在瘤胃中，夜里再反刍到嘴里，慢慢品味。瘤胃中有大量的微生物，主要是细菌、真菌、古生菌与原虫。据测定，每克瘤胃内容物中，含有几百亿甚至上千亿个细菌，上百万亿个原虫。牛吃进去的草料主要被这些微生物降解，发酵产生葡萄糖、氨基酸、脂肪酸、维生素等小分子物质，供牛吸收利用。因此，牛的瘤胃就像一个啤酒发酵罐，将植物等发酵，生成牛的美食。

解析瘤胃微生物种群结构，调控瘤胃发酵，提高动物生产性能，减少瘤胃中温室气体甲烷的排放，一直是反刍动物养殖生产的核心问题。瘤胃是厌氧环境。瘤胃微生物基本上是厌氧微生物。但是，大多数瘤胃微生物不易体外人工培养，迄今为止，仅有 20%的瘤胃微生物被充分鉴定。近年来，随着未培养微生物研究技术的快速发展，如宏分类组、宏基因组、宏转录组、宏代谢组等研究手段，有效地扩大了对瘤胃微生物的研究范围，深入解析了瘤胃微生物组的结构和功能。例如，2019 年 8 月发表在 *Nature Biotechnology* 上的一篇论文对 283 个牛瘤胃样本进行二代、三代测序，获得 4 941 个宏基因组组装的基因组,鉴定了 40 多万个碳水化合物代谢相关基因。瘤胃中最丰富的细菌为拟杆菌门(*Bacteroidetes*)、厚壁菌门(*Firmicutes*)、变形杆菌门(*Proteobacteria*),占细菌总数的 90%以上;瘤胃古生菌主要分布在广古菌门(*Euryarchaeota*)和泉古菌门(*Crenarchaeota*);瘤胃原虫主要是纤毛原虫,其中,内毛虫(*Endodinium*)属最为丰富;瘤胃真菌主要分布在新丽鞭毛菌门。动物类型、日粮及生长发育阶段的不同使得牛瘤胃微生物种群结构显著不同,这还需要进一步研究。

牛瘤胃“啤酒发酵罐”一定要存在吗?答案是肯定的。植物细胞壁是高度复杂的,主要包括三种大分子物质:纤维素、半纤维素和木质素。这三种物质缠绕在一起,具有很强的抗水解能力,需要在物理、化学的作用下,进行解构,然后,利用纤维素酶、木聚糖酶、木质素氧化酶等对它们进行水解,产生小分子物质,如葡萄糖和木糖等(具体可见“碳中和利器——绿色制造”部分)。牛的咀嚼是物理作用,破坏植物细胞;在牛瘤胃里面,这些植物细胞壁继续受到微生物产生的酸预处理,以及酶水解;反刍到嘴里,再吞咽到胃里,再反刍、吞咽,反复循环。不单单这些大分子碳水化合物的水解需要多种因子协同作用,蛋白质、淀粉、果胶、脂肪等大分子物质也不例外。例如,蛋白质首先需要蛋白酶水解为多肽、二肽等,再通过肽酶水解为氨基酸;脂肪需要各种脂肪酶水解为甘油和脂肪酸。因此,牛和瘤胃微生物是共生关系,牛为瘤胃微生物提供草料等食物;瘤胃微生物通过发酵水解草料产生牛的食物。

牛细胞吸收的这些草类等饲料代谢产生的小分子营养物质,进入糖酵解/糖异生、柠檬酸循环等一系列生物化学反应途径,合成新的有机大分子,包括牛奶中的蛋白质。

相比西方发达国家,我国牛饲养业发展相对滞后,要加快扩大牛肉和奶业生产,推进草原畜牧业转型升级,主要包括肉牛、奶牛的遗传改良计划、地方品种遗传资源保护和开发,建立肉牛、奶牛分子育种大数据平台,建立肉牛、奶牛育种评价示范,以及牛肉、牛奶品质形成机理与安全生产等。

## ››肉眼可见的细菌

“三山六水一分田。”地球绝大部分区域是海洋,漫无边际的海洋蕴藏着无尽的宝藏。海洋生物多姿多彩、形态各异,有大到比拟舰艇的蓝鲸,也有小到看不见的单细胞微生物。在常人印象中,细菌只能在显微镜下才能看到。但你有没有想过,细菌的世界里其实也有一些大个头? 如图 9 所示。

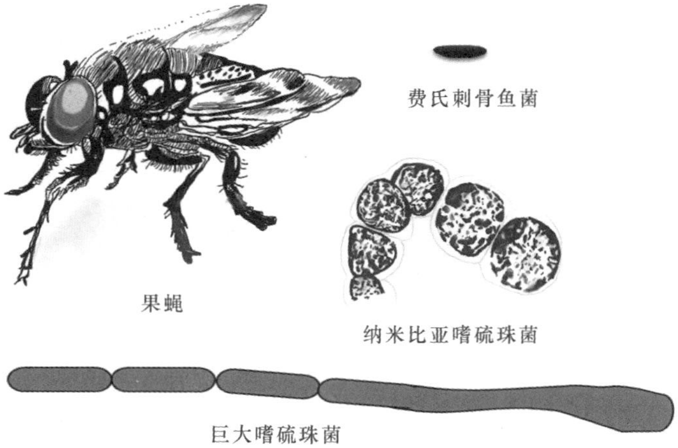


图 9　肉眼可见的细菌与果蝇对比图

## >>>费氏刺骨鱼菌

费氏刺骨鱼菌,拉丁学名为 *Epulopiscium fishelsoni*,细胞大小为 0.08 毫米×0.6 毫米,体积为大肠杆菌的 $1\times10^6$ 倍。1985 年,Lev Fishelson 等人在红海双斑刺尾鱼(*Acanthurus nigrofuscus*)肠道中首次发现费氏刺骨鱼菌,后来在澳大利亚大堡礁(Great Barrier Reef)也发现了该菌。1993 年,Angert 和 Clements 经过 rRNA 基因分析,证实为细菌。

## >>>纳米比亚嗜硫珠菌

纳米比亚嗜硫珠菌,拉丁学名为 *Thiomargarita namibiensis*,革兰氏阴性球菌,半径为 0.1～0.3 毫米,最大可达

0.75 毫米，比果蝇的眼睛稍大一些，是一般细菌半径大小的 100～300 倍，体积是一般细菌的 100 万倍，甚至 300 万倍。1997 年 4 月，德国教授 Heide N. Schulz 在纳米比亚海床沉积物中首次发现一种体型巨大的细菌，里面含有很多微小闪烁着白光的硫黄颗粒，当它们排成一行时，就好像一串闪闪发光的珍珠项链，因此称其为纳米比亚的硫黄珍珠。

为什么这种细菌能长这么大？推测是由于海床沉积物中含有大量的硫化氢，细胞中的硝酸盐可以把硫化物氧化和分解，从而慢慢生长到这么大。

## ›››巨大嗜硫珠菌

巨大嗜硫珠菌，拉丁学名为 *Thiomargarita magnifica*，单细胞最长可达到 2 厘米，是目前已知最大的细菌个体。10 多年前，法国海洋生物科学家 Olivier Gros 在小安的列斯群岛红树林中首次发现，5 年后，证实它为细菌。在显微镜下，细菌含有被膜包裹、充满液体的囊泡状细胞器，DNA 也被包裹在“囊泡”中。这些“囊泡”占据了整个细胞体积的 73%，是它长大的一个原因。

巨大嗜硫珠菌基因组含有 1 100 万个碱基对，含有 1.1 万个基因，为普通细菌的 2～3 倍。其基因组如此大的原因是，其 DNA 上相同的基因片段有多达 50 万个拷贝，核糖体位于 DNA 所在的膜中，能更高效地形成蛋白质。

看来细菌远比我们想象得更加复杂,让人感叹生物世界无奇不有。

除了以上的例子,还有非常多奇异的生物,等待我们去发现。人类对自然界万物的认知还存在很多空白,学习生物科学,让我们有机会继续前人的脚步去发现更多神奇的生命或事件。

## »简单而疯狂的病毒

近年来,全球范围内传染病疫情不断暴发,严重威胁着人类的健康,令人们谈“病毒”色变。这些传染病主要由高致病性、高重症率、高致死率的病毒所引起的,如埃博拉病毒、登革病毒、寨卡病毒、黄热病毒、MERS 和 SARS-CoV-2。

病毒为非细胞生物,没有酶或酶系统极不完全,不能进行代谢活动,只能在活细胞内寄生。一般来说,一种病毒的毒粒内只含有一种核酸,DNA 或者 RNA。个体极小,能通过细菌滤器。对抗生素不敏感,对干扰素敏感。病毒分为真病毒和亚病毒两大类。

真病毒至少含核酸和蛋白质两种组分,如冠状病毒、天花病毒等。

亚病毒指只含有核酸或蛋白质一种成分的分子病原体,包括类病毒、拟病毒和朊病毒三类。

国际病毒分类委员会2020年3月批准的2019病毒分类系统，采用了15级分类阶元：域、亚域、界、亚界、门、亚门、纲、亚纲、目、亚目、科、亚科、属、亚属、种。在病毒学中，域是最高分类等级，截至目前已确定6个病毒域，在域以下共有10个界、17个门、39个纲、65个目、233个科、2 606个属、10 434个种。其中新型冠状病毒属于冠状病毒科，核酸为正义链单链RNA，长度大约为30千字节，编码4种结构蛋白[刺突蛋白(S)、病毒包膜(E)、基质蛋白(M)和核蛋白(N)]和若干非结构蛋白。

刺突蛋白(S)：位于病毒的外表面，介导新型冠状病毒与受体结合，是病毒侵入细胞的关键蛋白。

病毒包膜(E)：参与病毒膜表面离子通道的形成，影响病毒的活性。

基质蛋白(M)：一种穿膜蛋白，参与膜结构的构成。

核蛋白(N)：结合病毒基因组，协助病毒的正确组装。

非结构蛋白：参与病毒自身的复制和对宿主免疫反应的调控。

病毒没有独立的生命系统，只能寄生在宿主活细胞中才能存活。当新型冠状病毒进入细胞内快速复制时，需要不断地用宿主细胞中的“原材料”(A、T、G和C)来装配自己的核酸，且不具备“纠错机制”，只求数量，不求“质量”，导致装配的核酸发生变异。

新型冠状病毒如此肆虐,我们就坐以待毙吗?肯定不能。人类对抗病毒的手段主要有两种:抗病毒药物和疫苗。

大体来说,抗新型冠状病毒的药物可以归纳为两大类:一类阻止病毒和宿主细胞结合,药物作用的靶位是 S 蛋白或 ACE2;另外一类阻止新病毒的产生,药物作用的靶点是 RNA 依赖的 RNA 聚合酶(RdRp)或蛋白质水解酶。

新型冠状病毒疫苗已为人所熟知,目前所使用的疫苗主要分为以下四类:

第一类是灭活疫苗。灭活疫苗是上市最早,技术方面最为成熟的疫苗。通过加热或化学方法使新型冠状病毒失去感染性和复制力,同时保留能够引起人体免疫应答的活性结构。将失去活力的病毒注射进入人体,不会让人体致病,但是能产生抗体。

第二类是腺病毒载体疫苗。用以人复制缺陷型腺病毒(人源 5 型腺病毒,Ad5)重组表达新型冠状病毒刺突蛋白(S)。当重组腺病毒进入人体后,在体内翻译出新型冠状病毒刺突蛋白,启动免疫应答。

第三类是重组新型冠状病毒疫苗(CHO 细胞)。将新型冠状病毒刺突蛋白(S)受体结合区(RBD)基因重组到中国仓鼠卵巢(CHO)细胞基因内,在体外表达形成RBD二聚体,并加氢氧化铝佐剂以提高免疫原性。

第四类是mRNA疫苗。通过特定的递送系统将表达抗原靶标的mRNA导入人体,在人体内表达出蛋白质,并刺激人体产生特异性免疫反应,从而使人体获得免疫保护。相比传统疫苗,mRNA疫苗生产工艺简单,开发速度快,无须细胞培养,成本低。

未来人类和病毒的斗争还会持续下去。比尔·盖茨曾预言:高传染性的病毒是人类未来面对的最大挑战。因此,我们要继续和病毒赛跑,研究病毒的传播特征,以及病毒引起疾病的严重程度等,建立高通量的快速筛查技术,并研发高效的抗病毒药物如小分子靶标药物,为精准防疫、精准治疗提供理论基础和切实可行的策略。

## >>神通广大的芽孢杆菌和健康卫士乳酸菌

微生物中有魔鬼,也有天使。虽然一些致病细菌和病毒损害人类健康,是医药领域研究的重点;但是,也有很多微生物是有益微生物,是食品和工业生物技术,以及环境和能源生物技术等领域研究的重点。人类在远古时期就开始利用微生物生产食品,比如酿醋、酿酒等。下面介绍利用芽孢杆菌(*Bacillus*)生产人们需要的多种生物制品,利用乳酸菌(*Lactic acid bacteria*)发酵生产酸奶。

芽孢杆菌,属于细菌中的一个科,是能形成芽孢(内生孢子)的杆菌或球菌。目前,工业中经常见到的芽孢杆菌有枯草芽孢杆菌(*B. subtilis*)、凝结芽孢杆菌(*B. coagulans*)、解淀粉芽孢杆菌(*B. amyloliquefaciens*)、地衣芽孢杆菌(*B. licheniformis*)、短小芽孢杆菌(*B. pumilus*)、蜡样芽孢杆菌(*B. cereus*)、环状芽孢杆菌(*B. circulans*)、巨大芽孢杆菌(*B. megatherium*)和纳豆枯草芽孢杆菌(*B. subtilis natto*)等,其中枯草芽孢杆菌是最早被发现也是目前科学界研究最深入的芽孢杆菌。枯草芽孢杆菌是严格好氧的化能异养型细菌,菌落表面粗糙不透明,呈污白色或微黄色,在光学显微镜下呈细长杆状,显微镜下的形态如图 10 所示。

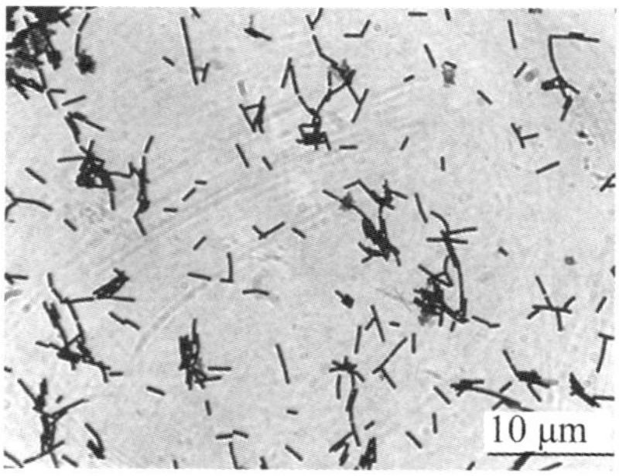


图 10　枯草芽孢杆菌显微镜下的形态

酸奶为什么这么酸?这和乳酸菌有关,在显微镜下其中一种乳酸乳球菌的形态如图 11 所示。乳酸菌是一类能发酵碳水化合物生产乳酸的细菌的总称。目前已知的乳酸菌至少包含 18 个属,共 200 多种,常见的乳酸菌包括乳酸杆菌属(*Lactobacillus*)、双歧杆菌属(*Bifidobacterium*)、乳球菌属(*Lactococcus*)、链球菌属(*Streptococcus*)、明串珠球菌属(*Leuconostoc*)和肠球菌属(*Enterococcus*)的不同菌株等。人类和动物的口腔和肠道广泛存在着乳酸菌,此外,蔬菜等植物及泡菜等食品中也有很多乳酸菌。不同酸奶中使用的乳酸菌种类可能有所不同,比较常见的是保加利亚乳杆菌(*Lactobacillus bulgaricus*)、乳酸乳球菌(*Lactococcus lactis*)等。

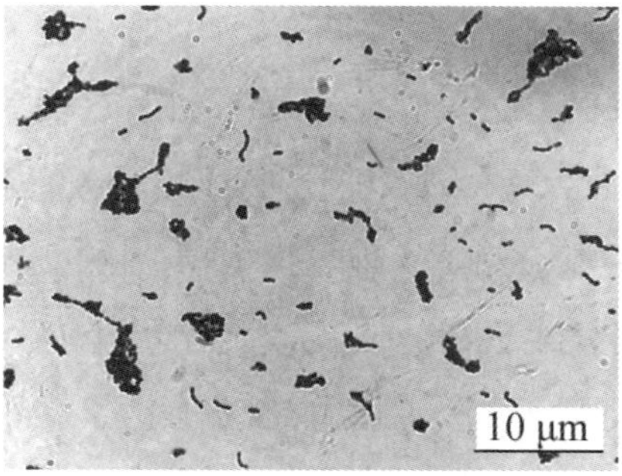


图 11　乳酸乳球菌显微镜下的形态

芽孢杆菌广泛分布于自然界,在农牧业、工业、食品、医学和环境保护等领域都扮演着非常重要的角色。例如,作为微生物细胞工厂,芽孢杆菌可用于生产在洗衣粉或洗衣液中添加的蛋白酶和脂肪酶,大大提高对汗渍、血渍及油污的清洁能力;用于生产医疗保健的核黄素、核苷、抗生素及疫苗;用于生产美丽的行业——化妆品行业的透明质酸;用于生产食品行业的甜味剂(如木糖醇)、食品添加剂(如 N-乙酰氨基葡萄糖);还可用于生产化工领域的生物燃料(如2,3-丁二醇);此外,芽孢杆菌的菌体本身还可以用作饲料添加剂、污水净化剂、土壤解磷剂等。

除了神通广大的芽孢杆菌,乳酸菌经常被看作健康卫士。大量的研究表明,乳酸菌能促进动物的生长,调节胃肠道的正常菌群,维持微生态平衡,从而改善胃肠道的功能,提高饲料的消化率和生物效价,降低胆固醇,抑制肠道内腐败菌生长,提高机体的免疫力等。因此,乳酸菌可以作为新兴的饲料添加剂和微生态制剂,可以替代抗生素,实现健康畜牧业养殖。近年来,人类对肠道菌群的关注度持续不减。“微生物组”通常是指特定环境中的微生物,乳酸菌是肠道微生物组中的有益组成成分。在产业方面,包括乳酸菌在内的益生菌在最近几年继续占据主导地位,含有乳酸菌等益生菌的产品也销售火爆。值得指出的是,乳酸菌的作用目前仍然在深入研究中,食用含有益生菌的食品不能替代科学饮食、适当体育运动、调整积极心态等提高免疫力的方式。相信随着对乳酸菌等益生菌研究的深入,人类能更好地利用微生物和其他有益微生物等健康卫士,为人类的健康长寿和美好生活服务。

## »酵母也疯狂

我们平常吃的面包、包子或者馒头,喝的啤酒或者葡萄酒，化妆品中的某些活性成分，许多婴儿出生接种的第一针疫苗乙肝疫苗都和一种神奇的微生物——酿酒酵母(*Saccharomyces cerevisiae*)有关。

酵母是一类单细胞真核微生物的总称，其中酿酒酵母是在所有酵母中被研究得最多的，因此成为模式真核微生物。有趣的是，三分之一的酵母基因可以在人类基因组中找到对应的同源基因，这也为利用酵母研究人类衰老的机理和治疗疾病的药物提供了可能。在 2015 年的 *Science* 发表的论文中，报道了美国科学家的研究结果，他们对 414 个决定酵母存活的基因关闭或者去除，然后用相应的人类基因替代，发现其中有 176 个人类基因能让酵母存活下来。这个研究结果也说明，不同生物的同源基因具有类似的功能，为利用酵母为人类服务提供了更有力的证明。

酿酒酵母的细胞是卵圆形的，可以进行无性生殖出芽，也可以进行有性生殖。显微镜下的酿酒酵母经常能看到出芽现象，因此也常常被称为出芽酵母。自然界也存在细胞聚集在一起形成小颗粒的絮凝酵母(图 12)，在不通气培养时，絮凝颗粒很容易沉降，方便进行细胞和发酵液分离，在工业培养情况下可以节省大型离心机的设备投资和运行能耗，这就是我国学者提出的“细胞无载体固定化”。

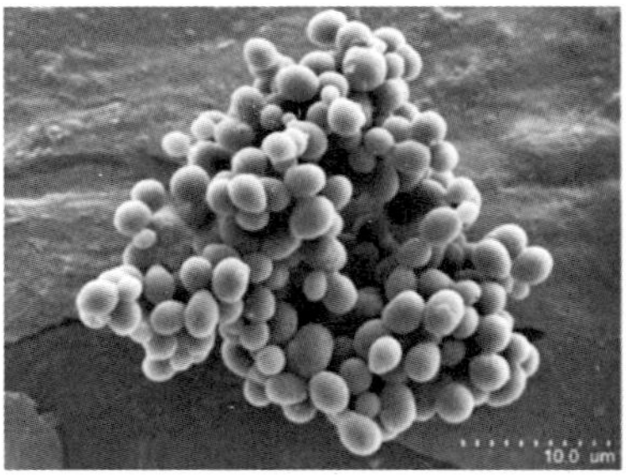


(a)扫描电镜图

(b)摇瓶培养的形态

图12　絮凝酵母

自絮凝酵母也具有比较好的抗逆性能,这引起了研究者的注意。如果能把关键的影响基因找到,就能够用这些基因改造游离的酵母菌,让酵母菌在工业生产中更加高效率地为人类服务。相关的研究也延伸到具有工业应用价值的自絮凝的细菌和微藻等。

酿酒酵母除了可以做面包、啤酒等,在能源领域也有很重要的应用。比如,一些酿酒酵母的菌株发酵生产的乙醇可以用作汽车燃料,这些燃料乙醇可以按照一定比例(我国是10%的体积百分比)加入汽油,从而部分替代不可再生的石油天然气资源。值得指出的是,我国人口众多,是工业大国,对石油的需求量非常巨大。我国石油的储量有限,因此,2013年以来到现在,每年需要进口大量的石油。发展包括燃料乙醇在内的可再生生物质能源,对我国经济和社会的可持续发展非常重要,不仅能够保持能源安全,也能够避免石油开采和运输等过程中带来的损害环境的隐患。但是,目前生物质燃料存在的问题是生产成本比较高,很多燃料乙醇是用陈化粮生产的,存在与人争粮、与粮争地的问题。木质纤维素类生物质资源,包括秸秆、树枝等农林废弃物在自然界非常丰富,但是,这类生物质水解得到的一些糖,主要是木糖,不能被天然的酿酒酵母很好地发酵,因此需要对酿酒酵母进行代谢工程改造。除了加入木糖代谢酶基因,还需要考虑木糖利用调控的网络,这样才能让酵母细胞工厂更好地运作起来,达到工业生产的要求。虽然进行了十几年的研究,酿酒酵母利用秸秆等木质纤维素水解液中的木糖生产乙醇的收率仍然有待提高,没有达到工业大规模生产的需求,其中比较关键的问题是葡萄糖对木糖利用的抑制作用,以及水解液中大量的抑制性成分对酵母菌代谢的负面影响。因此,选育高效的生物质转化菌株,仍然是科学家努力研究的目标。

除了产业应用,酿酒酵母也是合成生物科学这一前沿研究方向的宠儿,因为它是最简单的真核生物,更容易进行操作。利用酿酒酵母可以生产抗疟疾药物青蒿素、人参皂苷、法尼烯等多种药品或化学品。可以想象,人们有一天可以边喝啤酒边补充人参皂苷,酵母可以像孙悟空七十二变一样,生产各种人类需要的活性物质或者化学品,作为细胞工厂为人类服务。另外,人们还实现了人工合成酵母菌的染色体,其中也有我国科学家的重要贡献。

除了应用较多的酿酒酵母,自然界还有很多其他的酵母菌,包括克鲁维酵母、毕赤酵母、汉逊酵母和解脂椰氏酵母等。这些酵母有的可以做奶酪,有的可以做饲料添加剂,有的改造后可生产重组蛋白和疫苗,可谓各显神通。一般把除了酿酒酵母和裂殖酵母之外的酵母统称为非常规酵母。值得注意的是,目前已知的酵母超过 1 500 种,但是绝大多数酵母仍然没有被充分开发利用,因此,了解这些简单的非常规酵母,对其进一步开发利用,有助于使其更好地为人类服务。目前科学家的研究方向主要集中在提高非常规酵母的改造效率,开发高效的合成生物学工具,设计智能响应环境信号的酵母工程菌等方面。可以预见,未来会有更多的酵母在各行各业发挥其优势力量,为人类服务。

## »霉菌可发“霉”,也可不发“霉”

“柑橘、面包又发霉了!”

“啊,花生上怎么长了黄毛啦!”

“墙上是什么东西呢,把我的白衣服搞得全是黑点!”

这些话已经变成了口头禅,尤其是在南方的梅雨季节。

估计大家都清楚,全是霉菌惹的祸。

霉菌是丝状真菌的俗称,通常是指那些菌丝体较为发达又不产生大型肉质子实体结构的真菌。霉菌菌体由分枝或不分枝的菌丝组成。菌丝是一种管状的细丝，直径一般为3~10微米，菌丝内有的有隔膜，有的没有隔膜。许多分枝的菌丝交织在一起，如同乱头发丝堆一样，称为菌丝体。菌丝体分为营养菌丝体和气生菌丝体。如图13所示为草酸青霉(*Penicillium oxalicum*)的平板菌落表型、菌丝形态和孢子形态。

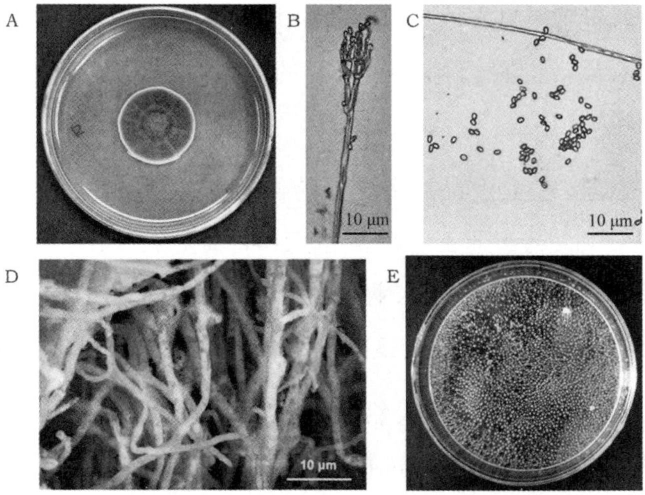


图13　草酸青霉的平板菌落表型、菌丝形态和孢子形态

A—菌落；B—光学显微镜下分生孢子梗(扫帚状)；

C—分生孢子；D—电子显微镜下菌丝形态；

E—液体培养下菌丝球

霉菌的繁殖能力极强，主要是通过产生无性孢子如厚垣孢子、节孢子、孢囊孢子、分生孢子和游动孢子，或有性孢子如卵孢子、接合孢子和子囊孢子来完成的。霉菌在固体平板上的菌落形态较大,质地疏松,外观干燥,不透明,呈现或紧或松的蛛网状、绒毛状或棉絮状;菌落与培养基的连接紧密,不易挑取,菌落正、反面的颜色和边缘与中心的颜色常不一致。

霉菌在我们的生活中无处不在,青睐于温暖、潮湿的环境。难道霉菌只有被人嫌弃的份儿?不是。霉菌"大家族"有"坏人",也有"好人"!我们的政策是:控制坏菌,利用好菌。

霉菌一直是食品制造工业的佼佼者,为我们的食物"添油加醋",参与工业上有机酸、酶制剂、抗生素、维生素、生物碱等的发酵生产,参与农业上的生物防治,以及污水处理和生物测定等,还是良好的基础理论研究的实验材料。例如:

酱油和酱:采用纯天然优质谷物如食用大豆、小麦或者麦麸为原料,利用米曲霉(*Aspergillus oryzae*)、酱油曲霉(*Aspergillus sojae*)等自然发酵而成。

霉菌干酪:纯天然发酵牛奶制品。一般用牛乳或羊乳作为原料,经过霉菌如卡地干酪青霉(*Penicillium cheese*)、娄地青霉(*Penicillium roqueforti*)、白地霉(*Geotrichum candidum*)等发酵而成。

豆腐乳:霉菌如毛霉(*Mucor* spp.)、根霉(*Rhizopus*)等产

生大量蛋白酶,分解大豆蛋白,是制作豆腐乳的常用菌。

青霉素:又名盘尼西林,第二次世界大战时期的黄金药,拯救了无数军人的生命,主要由青霉菌如产黄青霉(*Penicillium chrysogenum*)分泌。

食品添加剂柠檬酸:主要用黑曲霉(*Aspergillus niger*)发酵生产。

生物防治用剂:如白僵菌(*Beauveria*)防治马尾松毛虫、大豆食心虫和玉米螟等。

酶制剂:应用在淀粉糖化、植物细胞壁糖化方面,如诺维信的里氏木霉(*Trichoderma reesei*)产纤维素酶产品 Cellic CTec 系列。

生命科学研究的模式真菌:如粗糙脉胞菌(*Neurospora crassa*)。

但是,霉菌也有很多危害,例如:致食品霉变腐烂,使木材、仪器等物品发霉损坏;引起植物生病(马铃薯晚疫病、小麦赤霉病、玉米穗腐病等);感染人和动物。最可怕的是,霉菌会分泌一些毒素,严重危害人们的身体健康。据统计,已知的霉菌毒素有300多种,常见的毒素有黄曲霉毒素、玉米赤霉烯酮、赭曲毒素、呕吐毒素和烟曲霉毒素。

关于霉菌,我们的认知还太少,应该加大力量开展以下工作:

霉菌菌株资源的调查及开发，尤其是具有我国特色的菌种，以及相关的基因组资源。

具有重要意义和应用前景的霉菌遗传学、基因组学、分子育种技术的研究，如霉菌合成生物技术理论和方法学的研究，生物能源微生物的开发。

重要工业霉菌菌种的代谢机理和发酵工程的研究。

微生物代谢产物多样性及其调控机理研究，尤其要关注生产生物能源、生物基化学品、生物材料和生物药物等的重要霉菌。

不同生态条件下，霉菌与其他微生物之间、与宿主之间、与环境之间的相互关系及其实际应用研究。

严重危害人类和动植物的霉菌的致病机理和基因组的研究。

我们只有充分认知霉菌，才能有效地驾驭霉菌！

对神奇生物世界的深入认知，能让我们更加了解人类自身，了解人类所处的世界中的有益生物和有害生物，更好地保障人类的健康和可持续发展。因此，生物科学的学习和研究对人类的生存和发展都非常重要。

# 不可不知的生物科学知识

生命，那是自然付给人类去雕琢的宝石。

——诺贝尔

经过科学家长期坚持不懈的探索，生命的奥秘正在逐步被解开，我们对自身和生物世界的理解也越来越深入。

## 生命是什么

关于生命的名言非常多：

卢梭说："生命不等于是呼吸，生命是活动。"

爱默生说："一个伟大的灵魂，会强化思想和生命。"

小塞涅卡说："内容充实的生命就是长久的生命。我们要以行为而不是以时间来衡量生命。"

《战国策·秦策三》中写道："万物各得其所，生命寿长，终其年而不夭伤。"

…………

关于生命的著作也非常多:

尹烨的《生命密码》。

刘大可的《生命的起源》。

大卫·爱登堡的《生命的进化》。

埃尔温·薛定谔的《生命是什么》。

约翰·布罗克曼的《生命》。

…………

相信在不同人心里,对生命的理解是不同的。

奥地利物理学家埃尔温·薛定谔(Erwin Schrödinger)在《生命是什么》一书中用物理学去阐述生命:生命以负熵为生。生命需要不断抵消其在生活中产生的正熵,使自己维持在一个稳定而低的熵水平上。

美籍英裔物理学家和数学家弗里曼·戴森(Freeman Dyson)认为生命是一个物质系统,可以获取、存储、运作和利用信息去组织自身的活动。生命的本质是信息。

法国生物科学家雅克·莫诺(Jacques Monod)在《偶然性和必然性》一书中写道:上古的神契不复存在。人类终于认识到,他在无知无觉的浩瀚宇宙中孤立无助,他的出现只是偶然的产物。何为他的天命,何为他的职责,更是无从索解。仰望天国的信念，还是沉入现实的混沌？他只能独自抉择。

华大基因CEO尹烨在《生命密码》一书中写道：生命是一群元素按照经典物理和量子物理的方式组合起来的一个巨大且复杂的系统。生命的本质是化学，生命统一在DNA上。

在朱圣庚和徐长法教授编著的《生物化学》（第4版）一书中，生命相比无生命物体而言，具有特有的性质，称为生命属性或生物属性，如生长、发育、遗传、变异、新陈代谢等，归纳为以下三个方面：

第一，化学成分复杂而同一，结构错综而有序。

第二，利用环境的能量和物质进行自我更新。

第三，自我复制和自我装配。

总之，每个人可以依据自己的知识背景，去揣摩生命的定义。但是，某些经过科学论证的事实是无法改变的。

据科学家测算，宇宙已经度过了138亿年，地球也46亿岁了。

最早的生命证据是位于格陵兰岛西南部的伊苏亚和阿基利亚的已知最古老的岩石中存在同位素分馏现象。碳元素以$C^{12}$和$C^{13}$两种稳定的同位素存在，$C^{12}$主要存在于有机物中,而$C^{13}$主要积聚在碳酸盐沉淀形成的沉积岩如石灰岩中。这种现象的发现,通常被视为生命存在的地质特征。然而,也存在争议。同位素分馏现象并不是生命独一无二的特征,如热液喷口的地质过程也会形成这种现象。

在澳大利亚和南非分别发现了32亿年前的叠层石化石和微体化石。叠层石是一种由原始蓝细菌和光合细菌构成的大型拱状结构。微体化石外观非常像细胞,且含有暗示生命存在的碳同位素标记。

29亿年前—24亿年前,产氧光合作用出现,标志着生命的新陈代谢已趋于完成。

25亿年前,所有主要的营养循环,包括碳循环、氮循环、硫循环等已存在。

24亿年前—16亿年前,出现了单细胞生物(化石为证),非常像真核生物,如红藻类和真菌类。

寒武纪(5.45亿年前—4.95亿年前)初期,寒武纪生命大爆发,可明确辨认的动物类群出现,如节肢动物昆虫和蜘蛛,以及脊椎动物。

奥陶纪(4.95亿年前—4.40亿年前)早期,首次出现了可靠的陆生脊椎动物——淡水无颚鱼。

志留纪(4.63亿年前—4.38亿年前)时期,裸蕨植物首次出现,标志着植物开始从水中向陆地发展。

泥盆纪(4亿年前—3.6亿年前)晚期,原始两栖类(迷齿类)动物开始出现。

三叠纪(2.5亿年前—2.05亿年前)时期,爬行动物和裸子植物崛起。

侏罗纪(2.01亿年前—1.45亿年前)时期,即恐龙时代,翼龙类和鸟类出现,哺乳动物开始发展,裸子植物发展到极盛期,等等。

新近纪(2300万年前—258万年前),"人猿相揖别",原始人出现。

生命的基本单位是细胞。细胞是所有生物的结构和功能单位。

生命物质由生命元素组成。生命元素分为大量元素(如H、O、C、N等)和微量元素(如Mn、Fe、Co、Zn等)。

生物分子是碳的化合物。

生物分子具有三维结构,有构型和构象之分。

生物分子间的相互作用是立体、专一的。

与生命的进化相比,人生不过百年。显然,我们对宇宙的奥秘、大自然的鬼斧神工知之甚少。但是,作为万物之灵,我们都有为梦想执着前行的勇气,相信明天会更美好。

## »生命密码——基因

“种瓜得瓜,种豆得豆”“龙生龙,凤生凤”,遗传的神奇,大家都不陌生。其中,记录遗传信息的“天书”——基因组,随着测序技术的高速发展,一个个地被攻克了,尤其是“人类基因组计划”“人类微生物组计划”史诗般工程的完成。

在现代遗传学中,基因是合成一条有功能的多肽、蛋白质或 RNA 分子所必需的完整的 DNA 片段,是携带上一代遗传信息到下一代的物质单位和功能单位,在染色体上线性排列。一般包括结构基因、RNA 基因等。

结构基因编码产物为蛋白质。一个完整的结构基因包括编码区、启动子区、终止子区。真核生物的编码区一般存在内含子和外显子,在 mRNA 成熟加工过程中,内含子被切除,剩下的外显子连接起来。相比起来,原核基因通常是连续的。

RNA 基因只有转录产物,如核糖体 RNA(rRNA)和转运 RNA(tRNA),没有翻译产物。

提到基因,一些关键的人物和历史事件不得不提。

1865 年,奥地利遗传学家孟德尔发表论文《植物杂交实验》,提出了遗传物质是遗传因子的论点,即颗粒式遗传学说。

1889 年,荷兰植物学家和遗传学家德弗里斯提出“单位性状”的概念,认为生物性状是由单位性状组成的,且这些单位性状在变异上是相对独立的。

1909 年,丹麦植物学家约翰森将德弗里斯从达尔文泛生论(Pangenesis)衍生出的泛基因(Pangene)缩短为 Gene,作为“颗粒”的名称。

我国遗传学家谈家祯在留美期间撰文介绍现代遗传学时将“gene”汉译为“基因”。

20 世纪 20 年代,美国实验胚胎学家和遗传学家摩尔根用果蝇实验证实了基因是存在于染色体上的。

1953 年 2 月,沃森和克里克发现了 DNA 双螺旋结构。

…………

1987 年诺贝尔生理学或医学奖得主日本生物学家利川根进博士曾经讲过:除了外伤,人类所有的疾病都与基因有关,包括直接关系和间接关系。

虽然基因很稳定,但是也存在变异。变异本身不是一件坏事,增加了生物多样性。大部分变异发生在非编码 DNA 上,一般来说,对基因功能的影响微乎其微。但是,突变让基因编码的蛋白质出现问题的“小概率事件”也是客观存在的。

基因变异引起的疾病的患病人群通常很少,人们把这些疾病称作"罕见病"。据不完全统计,已经确认的遗传病、罕见病有7 000～8 000种,但是能明确致病基因的只有约3 000种。我国现有的罕见病患者总数已达到1 680万。例如:

霍金所患的渐冻症,部分致病基因是超氧化物歧化酶1编码基因SOD1突变,导致SOD1失活,不能正常清除对细胞有害的自由基,引起神经细胞凋亡。

凡·高所患急性间歇性卟啉病是由于羟甲基胆素合成酶编码基因突变导致酶活性下降,阻碍了血红素的合成,为常染色体显性遗传疾病。

相比显性的罕见病遗传基因,隐性的罕见病遗传基因更加可怕。哪怕表面上正常的一对夫妻,只要是隐性的罕见病遗传基因的携带者,生下来的宝宝就有可能是罕见病患者。例如,地中海贫血症是由于血红蛋白编码基因的突变,导致红细胞输氧能力减弱所致。

为了适应环境,某些基因也会发生水平转移。例如,植物为了从海洋转移到陆地,将细菌、真菌和病毒的近600个基因整合到自己的基因组中。

另外,尹烨在《生命密码》一书中,阐述了"高处也胜寒"的秘密,令我们脑洞大开。"高处不胜寒"的例子比比皆是。

然而，在高海拔的西藏地区，除了寒冷，低氧也是人类要面临的严峻挑战。一般低海拔地区的人们初到青藏高原时，常出现高原反应，出现如头痛、恶心、疲倦、呼吸困难等症状，正是缺氧惹的祸。相比之下，藏族同胞常年奔波在“世界屋脊”，却安然无恙。差别如此之大，是什么秘密驱动的呢？

多学科交叉（包括考古学、遗传学和语言学等）研究表明，汉族和藏族祖先的遗传信息非常接近。但是，经过多年的进化，一些微小的差异显现出来。多个特殊的基因为藏族人的高原生活保驾护航，尤其是基因 EPAS1。该基因是低氧诱导通路中的关键基因，与藏族人低红细胞丰度密切相关。过高的红细胞丰度将引起血液黏稠，导致高原反应。据统计，87%以上的藏族人携带基因 EPAS1，而仅有 9%的汉族人才有。更加神奇的是，基因 EPAS1 不是藏族人本身就有，也不是基因突变而来的，而是数万年前灭绝的、现代人的“近亲”丹尼索瓦人通过水平基因转移的。

凡所际遇，绝非偶然。任何现象都有存在的必要，都是有原因的。因此，我们要仔细、认真地对待每一件事、每一个细节，用科学的理性和逻辑去揭开其中的秘密。

## ››前进的中心法则

1958 年，Francis Crick 在《论蛋白质合成》中提出的“中心法则”就是分子生物学的黄金法则。中心法则明确指出了遗传信息的传递方向和途径,反映了 DNA、RNA 和蛋白质三者之间的相互作用,其具体内容包括:遗传方向为“DNA→RNA→蛋白质”,不可逆转;DNA 是自身复制的模板,DNA 通过转录作用将遗传信息传递给 RNA,再通过翻译作用将遗传信息表达成蛋白质。

1961 年,Francois Jacob 和 Jacques Lucien Monod 发现在 DNA 和蛋白质之间的 RNA 是 mRNA。

但是,目前清楚的是,在 Francis Crick 提出“中心法则”之前,也有其他学者提出类似的观点:

1947 年,法国的 André Boivin 和 R. Vendrely 在《实验》杂志上讨论了 DNA、RNA 和蛋白质之间可能存在的信息传递关系,但是编辑将其错误理解为 DNA 制造 RNA,RNA 制造蛋白质。

1954 年,美国的 James Watson 曾手画一张“DNA→RNA→蛋白质”的信息流,认为 DNA 通过化学改变成为 RNA,DNA 指导 DNA 合成是模板(互补),RNA 指导 RNA 合成也是模板(互补)。

随着分子遗传学和分子生物学研究的深入,中心法则的内容和形式得到了修正、补充和发展,如图 14 所示。

1965 年,科学家发现 RNA 聚合酶能以 RNA 为模板催化 RNA 的合成,也就是 RNA 复制。很多病毒,如流感病毒、双

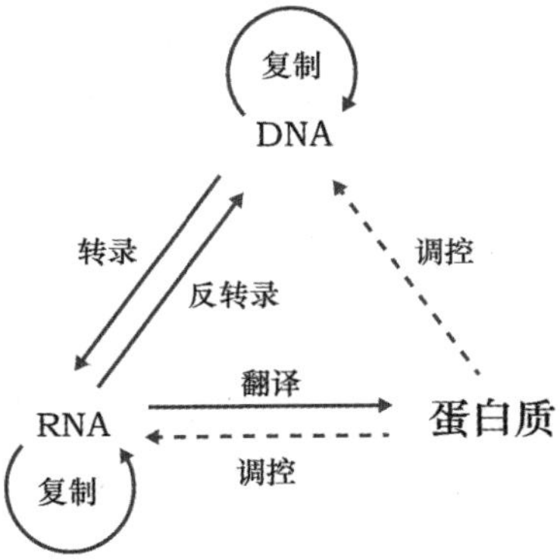

图 14　中心法则示意图

链 RNA 噬菌体等存在此现象。

1970 年，Howard Temin 和 David Baltimore 在劳斯肉瘤病毒中发现了反转录酶，它能以病毒 RNA 为模板，反向合成 DNA，获得 1975 年诺贝尔生理学或医学奖。

1977 年，Richarl J. Roberts 和 Phillip Sharp 发现了真核生物的断裂基因，揭示了真核生物和原核生物在转录方面的不同。

1981 年，Thomas R. Cech 等在四膜虫中发现自催化剪接的 rRNA；1983 年，Sidney Altman 等发现大肠杆菌中核糖核酸酶的催化活性取决于 RNA，从而打开了核酶的大门，获得 1989 年诺贝尔化学奖。

1982 年，Stanley B. Prusiner 研究羊痒疫时发现了具有侵染性的朊病毒是不含 DNA 和 RNA 的蛋白质颗粒;1991 年,Stanley B. Prusiner 阐明了朊病毒的致病机制:通过改变正常 PrP 蛋白的构象来实现自我复制和传播疾病,但是朊蛋白依然是由基因编码的,获得 1997 年诺贝尔生理学或医学奖。

2021 年,Gurushankar Chandramouly 等发现哺乳动物中 DNA 聚合酶 θ(Polθ)可以将 RNA 信息转化为 DNA。Polθ 在从 RNA 合成 DNA 方面可以与 HIV 病毒的反转录酶相媲美,在复制 DNA 方面则超过反转录酶。

总之,任何自然规律和机理的发现都是来之不易的,在推动科学发展时的喜悦也一定是无与伦比的!相信随着高科技的发展,中心法则的丰富和完善还将继续。期待我们能够为它添上更精彩的一笔!

## >>细胞的五脏六腑

19 世纪 30 年代,德国科学家 Matthias Jakob Schleiden 和 Theodor Schwann 提出了“细胞学说”,被誉为 19 世纪自然科学的三大发现之一。细胞是所有生物的结构和功能单位。细胞形状、大小多种多样,但是其在构成上是相似的。

一般来说,细胞可分为原核细胞和真核细胞。

### >>>原核细胞

原核细胞主要是指细菌、放线菌、支原体、古生菌等原核生物细胞，包括：一般构造，如细胞壁、细胞膜、细胞质、拟核区等；特殊构造，如鞭毛、性毛、芽孢、荚膜等。

### ›››› 细胞壁

细胞壁是位于细胞最外面一层厚实、坚韧的外被，具有固定细胞外形和保护细胞不受损伤等多种生理功能，其主要成分为肽聚糖，可通过细胞壁染色法、质壁分离法、制成原生质体，用电镜观察超薄切片。

根据细胞壁组分的不同，原核生物细胞壁主要分为四个类型：

革兰氏阳性细菌细胞壁：通常厚20～80纳米，由90%肽聚糖和10%磷壁酸组成，革兰氏染色呈现紫色。对溶菌酶和青霉素敏感。

革兰氏阴性细菌细胞壁：由肽聚糖（厚2～3纳米，占10%）、外膜和周质空间组成，革兰氏染色呈现红色。对溶菌酶和青霉素不敏感。

古细菌细胞壁：由假肽聚糖、糖蛋白或蛋白质组成。

缺壁细菌：在长期进化过程中或某些环境条件下，为了适应自然生活条件，形成的遗传性稳定的细胞壁缺陷变异型，如L型细菌、支原体等。

#### ››››细胞膜

细胞膜也叫质膜、细胞质膜或内膜,是紧贴在细胞壁内侧、包围着细胞质的一层柔软、脆弱、富有弹性的半透性薄膜,由磷脂(占20%~30%)和蛋白质(占50%~70%)组成,具有控制物质进出、信息传递、代谢调控识别和免疫等多种功能。

#### ››››细胞质

细胞质是细胞质膜包围的除核区外一切半透明、胶质状、颗粒状物质的总称,含水量约为80%,不流动,包括核糖体、多种酶类和中间代谢物、质粒、各种营养物和大分子的单体等,是细胞代谢的主要场所,也在物质运输、能量转换和信息传递等方面起重要作用。

#### ››››拟核区

拟核区也称为核质体,无核膜、核仁结构,无固定形态,主要为环状双链DNA。

### ›››真核细胞

真核细胞主要是指真菌、植物、动物等真核生物细胞,主要包括细胞壁(真菌、植物等)、细胞膜、细胞质、细胞核、细胞器(线粒体、叶绿体、核糖体、内质网等)。

### >>>> 细胞壁

细胞壁主要成分是多糖,另有少量蛋白质和脂质。例如:植物细胞壁的主要成分为纤维素、半纤维素和木质素;低等真菌细胞壁的主要成分以纤维素为主;酵母细胞壁的主要成分以葡聚糖为主;高等真菌细胞壁的主要成分以几丁质为主。

真核生物细胞壁的生理功能和原核生物细胞壁的生理功能类似。

### >>>> 细胞膜

细胞膜也称为质膜。与原核生物细胞膜相比有以下特点:真核生物细胞膜含有甾醇;磷脂和脂肪酸种类不同;有胞吞作用;没有电子传递体和基团转移运输等。

### >>>> 细胞质

细胞质是细胞质膜包围的除细胞核外的部分,包括内质网、高尔基体、线粒体、液泡、中心体、叶绿体、核糖体等细胞器,以及多种酶和中间代谢物等。

### >>>> 细胞核

细胞核是细胞的中枢部分,其形状各异。核外包裹着核膜,核内分为核仁、核液体、染色质等。

细胞的正常运转需要各个部件的协同配合,共同完成。

## »»线粒体

细胞生命活动所需能量的95%由线粒体产生的ATP提供。线粒体燃烧的主要燃料是葡萄糖和酮。不同类型细胞内线粒体的形状、大小和数量不同,常为杆状或椭圆形,长2~6微米,宽0.5~1微米。线粒体具有双层膜,外膜光滑,上面存在许多小孔,分子量小于1万的物质可以自由通过;内膜通透性小,向内折叠,形成线粒体嵴。嵴之间为嵴间腔,充满线粒体基质。线粒体嵴膜上面有很多基粒。基粒中存在ATP合成酶,通过电子呼吸链产生ATP。

线粒体产生的能量以电化学势能储存在线粒体内膜,在内膜两侧形成质子及其他离子浓度的不对称分布,从而形成线粒体膜电位。正常的线粒体膜电位是维持线粒体进行氧化磷酸化、产生ATP的先决条件。

线粒体作为生物体内的“发电厂”,其发电功率并不是一成不变的,而是根据需求适时调整。线粒体健康时,一个人通常身体健康。个体拥有的线粒体越多,越健康。

线粒体功能障碍是衰老的关键标志,也是包括癌症在内的许多疾病的起源,如帕金森病、阿尔茨海默病、红斑狼疮、糖尿病等,主要是指TCA循环酶缺陷、线粒体DNA基因突变、线粒体电子传递链缺陷、氧化应激,以及癌基因和抑癌基因异常,从而导致线粒体内$NAD^+$水平降低,线粒体蛋白、线粒体自噬等减少,活性氧物质和氧化磷酸化水平升高等。目前科学家证实的大部分衰老机理,包括基因组不稳定、染色体端粒消减、表观遗传改变、蛋白质稳态破坏、营养信号感应失调、细胞衰老、干细胞衰竭、细胞间通信异常等,都与线粒体功能障碍关联。例如,通过修复线粒体 DNA,减少了老鼠的皱纹、脱发。

因此,保护好线粒体,就是保护好健康。

## 生命的钥匙——“酶”力无穷

酶,相信大家不陌生,它存在于我们的身体里,存在于我们身体的每一个角落,是我们生活中不可缺少的一部分。通过利用酶、改造酶,不仅改善了我们的生活,也开启了设计生命的大门,如生物炼制、基因编辑、靶向药物生产、绿色制造等。

人们对酶的认知过程不是一帆风顺的,也是风雨之后才见彩虹的。

几千年前,我们的祖先就已经不自觉地利用酶来制造食品和治疗疾病,如酿酒、制酱等。《康熙字典》中有“酶者,酒母也”,但是当时的人们并不了解酶是何物。

1833 年,法国化学家 Anselme Payen 和 Jean-Francois Persoz 从麦芽的水抽提物中提取了淀粉酶制剂,该酶制剂对热不稳定,可使淀粉水解成可溶性糖,初步涉及酶的性质。

1878 年,德国生理学家 Friedrich Wilhelm Kuhne 给酶起了一个统一的名称“Enzyme”,它来源于希腊语,意思是“在酵母中”。

1894 年,德国化学家 Hermann Emil Fischer 提出了“锁和钥匙”学说,认为酶具有与底物相结合的互补结构。

1897 年,德国化学家 Eduard Buchner 发现不含细胞的酵母抽提液也可使糖发酵生成酒精,说明了发酵是酶作用的化学本质,获得 1911 年诺贝尔化学奖。

1903 年,法国化学家 V. C. R. Henri 提出了酶与底物作用的中间产物学说。

1913 年,德国化学家 L. Michaelis 和 M. Menten 根据中间产物学说,推导出米氏方程。

1926 年,美国化学家 James Batcheller Sumner 从刀豆中分离纯化出脲酶结晶,首次提出酶是蛋白质,获得 1946 年诺贝尔化学奖。

1961 年,法国分子生物学家 Francois Jacob 和 Jacques Lucien Monod 因提出与蛋白质合成调节机制相关的操纵子学说而获得 1965 年诺贝尔生理学或医学奖。

1963 年,美国化学家 Stanford Moore 和 William Howard Stein 因测定 RNaseA 的氨基酸序列而获得 1972 年诺贝尔化学奖。

1983 年，美国科学家 Thomas R. Cech 和加拿大科学家 Sidney Altman 因发现具有催化活性的 RNA——核酶，打破了酶是蛋白质的传统观念而获得 1989 年诺贝尔化学奖。

1974 年，美国科学家 Paul D. Boyer 提出了 ATP 合成酶的合成和分解机理；1994 年，英国科学家 John E. Walker 通过 X 射线晶体学确定了 ATP 合成酶的结构，证实了 Boyer 提出的理论，他们因此获得 1997 年诺贝尔化学奖。

…………

因此，酶被定义为具有生物催化功能的生物大分子，包括蛋白类酶和核酸类酶两大类别，对其底物具有高度特异性和高效催化效能。

生物体内含有千百种酶，到目前为止，在人体内已发现 3 000 种以上，这些酶支配着新陈代谢、营养和能量转换等许多催化过程。例如：

为什么米饭越嚼越甜？因为口腔分泌的唾液淀粉酶会将淀粉部分水解为麦芽糖。

为什么有的人喝牛奶会拉肚子，而有的人不会？因为牛奶中含有大量的乳糖。小肠黏膜上皮细胞分泌的乳糖酶会将乳糖分解为葡萄糖和半乳糖。但是如果体内乳糖酶缺乏，导致乳糖不能被消化吸收，会提高肠腔渗透压，导致水分被动进入肠腔而造成渗透性腹泻。

为什么有的人饮酒会“上脸”,为什么有的人会“宿醉”,有些人则不会?因为肝中存在两种酶:乙醇脱氢酶和乙醛脱氢酶。乙醇脱氢酶可将乙醇氧化为乙醛,生成的乙醛进一步在乙醛脱氢酶的催化下转变为乙酸。有的人乙醇脱氢酶活性高,饮酒后,导致乙醛水平迅速升高,使毛细血管扩张,表现出面部潮红。但是,如果体内乙醛脱氢酶活性较低,那么难以转化的乙醛会导致宿醉,甚至造成肝损伤。

酶也常常用于医疗诊断和治疗。例如,急性胰腺炎发作时,血清和尿中淀粉酶活性显著升高;出现心肌梗死时,血清乳酸脱氢酶和磷酸肌酸激酶明显升高;白化病患者体内酪氨酸羟化酶缺乏;蚕豆病或对伯氨喹敏感患者体内6-磷酸葡萄糖脱氢酶缺乏;应用纤溶酶、链激酶、尿激酶等防止血栓的形成。

虽然自然界中酶成百上千,但是往往很难分离纯化,生产成本昂贵。因此,寻求人工合成酶目前已成为研究热点。

2018年1月15日,首个从头合成的人工酶Syn-F4面世。Syn-F4内含20种氨基酸,长度为100个氨基酸,能水解螯铁肠菌素。

2011年1月11日,首次提出人工酶——“团簇酶”概念,通过单原子调控的方法成功设计出具有原子精确结构的“团簇酶”。该“团簇酶”具有高催化活性和选择性,能有效减轻脑损伤小鼠的神经炎症,显著降低病鼠体内的炎症因子。

2022 年 2 月 10 日,从头设计蛋白质,人工合成出不同于已知天然蛋白质的新颖结构。

…………

细胞的奥秘无穷无尽。每一项新技术、新发现都开启了一扇新的窗户,使我们可以领略这个世界独一无二的风景,不断超越前人和自己的局限性。

## »生物种群的善与恶

善与恶,是从古至今人们争论不休的话题。人的善与恶从哪里来?为什么会存在?等等。尹烨在《生命密码》中写道:“犯罪基因”真的存在吗?犯罪可以遗传吗?基因测序发现 5%~10%的暴力犯罪与基因 MAOA 和 CDH-13 相关。这两个基因主要参与情绪的控制。研究表明,56%的新西兰毛利人携带这两个基因,这些人都是罪犯吗?答案肯定不是。犯罪属于一种社会行为,与后天的环境息息相关。这里我们不过多谈论人的善与恶,只讲述在生态系统中生物种群是如何与大自然达到生态平衡的。

生物种群是指在一定时间内占据一定空间的同种生物的所有个体,如某池塘的鲫鱼种群、某森林的红杉种群、某城市的人口等。种群中的个体不是机械地集合在一起,而是彼此可以交配,通过繁殖将各自的基因传给后代。一切计划的实施,都是出于“生存”的考虑。生物种群与环境的关系是相互的和辩证的。环境作用于生物,生物又反作用于环境,二者相辅相成。

环境中对生物起作用的因子,如光照、温度、水分、氧气和食物等,被称作生态因子。其中某些因子对生物的生存来说是不可或缺的,有时也被称为生存条件,如水和二氧化碳是植物的生存条件。为了很好地应对不同的生态环境,生物种群会从自身的形态、生理和行为等方面进行适当调整,将其受到的限制缩减到最小。例如,随着气温由南到北逐渐变冷,生活在欧洲的淡水鱼欧鳊的繁殖也由南方的一年连续产卵逐级变成一年产一次卵。生长在高纬度地区和高山上的植物的芽和叶片常有油脂类物质保护,树干粗短弯曲,枝条呈匍匐状,树皮坚厚,木栓层发达,有利于保温。寒冷地区的动物在冬季增加了毛、羽的密度,它们还有厚厚的皮下脂肪,提高了身体的隔热性,如北极狐;相比之下,热带地区的动物个体头大,四肢粗大,如非洲热带地区的大耳狐。生长在干漠草原和荒漠地区的旱生植物叶片缩小,甚至呈针状,减少蒸腾作用和光合作用,它们还有发达的根系,可从深处吸水,如刺叶石竹、树形仙人掌。

相反,生物也对环境起反作用,并改变了生态因子的状态。例如,在荒地上大面积植树造林。树林吸收大量的太阳辐射,保持水分,降低风速,形成新的小气候生态环境。

土壤微生物和动物的生理活动,改变了土壤的结构和理化性质。人类的过度放牧和捕鱼,导致草场和渔场的退化。

生物与生物之间的相互作用,也促使生物群落形成了一系列形态、生理和生态的适应性特征,例如,捕猎者猞猁具有敏锐的嗅觉、锋利的爪子和有力的犬齿;而猎物野兔则有听觉灵敏的大耳朵和善于奔跑的四肢。

经过长期的进化与斗争,生物群落之间的关系既多样又复杂。如果按照甲、乙两种生物间的相互关系进行剖析,不外乎以下九种类型:

(1)既利甲又利乙,如共生、互养共栖、互利共栖等。

(2)利甲而损乙,如寄生、捕食、拮抗等。

(3)利甲而不损乙,如互生、偏利共生等。

(4)不损甲而利乙,如互生、偏利共生等。

(5)既不损甲也不损乙,既不利甲也不利乙,如中性共栖等。

(6)不利甲而损乙,如偏害共栖等。

(7)损甲而利乙,如寄生、捕食、拮抗等。

(8)损甲而不利乙,如偏害共栖等。

(9)既损甲又损乙,如竞争共栖。

我们下面就常见的几种关系进行简单的介绍。

### 》》共生

共生是指两种生物生活在一起,相依为命、难舍难分、分工合作的一种相互关系。例如,菌藻共生地衣或菌菌共生地衣。前者是指子囊菌和绿藻共生,后者是指真菌和蓝细菌共生。绿藻或蓝细菌通过光合作用为真菌提供有机养料,而真菌分泌有机酸,分解岩石,为绿藻或蓝细菌提供矿物元素。

### 》》寄生

寄生是指一种生物生活在另外一种生物体内或体表,从中夺取营养并进行生长繁殖,使后者蒙受损害甚至被杀死的一种相互关系。例如,蛭弧菌寄生在大肠杆菌中,植物病原菌寄生在植物细胞中。

### 》》互生

互生是指两种可独立生活的生物,当它们生活在一起时,各自的代谢产物有利于对方生存或者偏利于一方的相互关系。例如,植物内生真菌支顶孢霉与欧美广泛种植的牧草牛尾草互生,使牛尾草更耐旱、更高效吸收氮元素。土壤中好氧性自生固氮菌与纤维素分解菌互生。固氮菌为纤维素分解菌提供氮素营养物,而纤维素分解菌分解纤维素后产生葡萄糖,为固氮菌固氮时的营养。

### ›››捕食

捕食是指一种生物直接捕捉、吞食另一种生物，以满足其营养需要的相互关系。例如，少孢节丛孢菌利用菌环、菌套等捕食土壤线虫。

### ›››拮抗

拮抗是指某种生物产生特定代谢产物，从而抑制其他生物的生长发育甚至杀死它们的一种相互关系。例如，产黄青霉产生的青霉素能杀死金黄色葡萄球菌。由微生物产生的抑制或者杀死其他生物的抗生素是最典型的拮抗。

为了适应环境和生存，各种生物“八仙过海，各显神通”，形成了各种各样的关系和现象，有待大家继续去探索和发现。

## ››微生物的神通广大

牛为什么能吃草，而人不可以？为什么潮湿的天气，墙上会长黑色的斑点？为什么今天没有吃完的面包，第二天就会长霉？为什么动物的尸体暴露在空气中，过一段时间就不见啦？这些问题都和微生物密切相关。微生物无所不在、无孔不入，在空气中、火山口、人的皮肤表面和肠道中，都能发现微生物的踪迹。

微生物是指存在于自然界的一群个体微小、结构简单、进化地位低，一般来说人的肉眼看不见或看不清，必须借助光学显微镜或电子显微镜才能看到的微小生物。少数微生物肉眼可见，例如，1997 年发现的纳米比亚嗜硫珠菌和 1985 年发现、1993 年证实的费氏刺骨鱼菌。按照形态大小，可将微生物粗略分为三大类：原核微生物，主要包括细菌、放线菌、蓝细菌、支原体、立克次氏体和衣原体等；真核微生物，主要包括酵母菌、霉菌和大型蕈菌、原生动物和显微藻类等；没有细胞结构的病毒。

从地球进化初的原始生命开始，生物界经历了多次灾难，如恐龙灭绝等。到如今时代，微生物仍能屹立不倒，可以归功于微生物的五大共性：

(1)体积小、面积大

微生物个体一般极其微小，常用微米或纳米作为测量单位。颗粒体积越小，同样质量的物质表面积越大。表面积越大，与环境接触面越大，越有利于与周围环境进行物质、能量、信息的交换。由此产生以下四个共性。

(2)吸收多、转化快

微生物无所不吃，包括大家常见的淀粉、纤维素、塑料等，令人谈及色变的重金属如砷、汞、银，以及有机毒物如苯酚、硝基苯等。微生物的代谢能力非常强，例如：大肠杆菌(*Escherichia coli*)每小时可分解其自重 2 000 倍的乳糖；产朊假丝酵母（*Candida utilis*）合成蛋白质的能力比大豆强 100 倍，比食用公牛强 10 万倍。

（3）生长旺、繁殖快

微生物具有惊人的生长繁殖速度。例如：大肠杆菌细胞在合适的生长条件下，每分裂一次的时间是 12.5 ~ 20.0 分钟。若按 20 分钟分裂一次计，则每小时分裂 3 次，24 小时可达到 $4.722\times10^{21}$ 个，总质量为 4 722 吨。48 小时后达到 $2.230\times10^{43}$ 个，质量达到 $2.2\times10^{25}$ 吨，是地球质量的 4 000 倍。

（4）适应强、易变异

微生物有极其灵活的适应性，如抗热性、抗寒性、抗盐性、抗酸性、抗压力等能力。例如：在海洋深处的某些硫细菌可在 250 ~ 300 ℃生长；嗜盐细菌可在饱和盐水中正常生长繁殖；氧化硫杆菌（*Thiobacillus thiooxidans*）可在 pH 为 1 ~ 2 的酸性环境中生长。芽孢杆菌的芽孢在琥珀内蜜蜂肠道中已保存了 2 500 万~4 000 万年。

微生物的变异频率为 $1\times10^{-9}$ ~ $1\times10^{-6}$，可在短时间内产生大量变异的后代。在诱变剂诱导条件下，如紫外线、核辐射、化学试剂等，微生物的突变频率会提高几十倍甚至上百倍。

（5）分布广、种类多

在生物圈的每一个角落都有微生物的踪迹。微生物无孔不入、无所不在。人体肠道有 100 ~ 400 种,总数约为 100 万亿,其中数量最多的是脆弱拟杆菌(*Bacteroides fragilis*)。土壤和地下的细菌总质量为 $1\times10^{16}$ 吨,每克土壤含有 $4\times10^{3}\sim4\times10^{4}$ 种微生物。据估计,全世界已描述过的生物总数约为 200 万种,已记载过的微生物约有 20 万种,占自然界中微生物总数的不到 1%。

微生物这五大共性,对人类来说是把“双刃剑”。只有拥有正确的科学发展观和价值观,才能使其更好地为我们服务。

微生物学是研究微生物在一定条件下的形态结构、生理生化、遗传变异,以及微生物的进化、分类、生态等生命活动规律及其应用的一门学科。微生物学的发展分为四个阶段:

第一个阶段从微生物学的建立到 19 世纪末:

该阶段主要是病原菌的发现,如霍乱弧菌、肺炎球菌、结核杆菌等。

第二个阶段从 20 世纪初到 20 世纪 40 年代:

该阶段主要针对微生物的生理、代谢进行研究,如大量抗生素包括青霉素及各种代谢产物的发现。

第三个阶段从 20 世纪 50 年代到 20 世纪 80 年代:

该阶段主要针对微生物的遗传进行研究,微生物学进入了分子研究水平。微生物学的应用得到快速发展。

第四个阶段从20世纪90年代至今：

该阶段微生物学进入了基因组学和功能基因组学研究阶段。

自从诺贝尔奖设立，大量的科学家因在微生物学方面的重大贡献获得诺贝尔生理学或医学奖、诺贝尔化学奖。

1901年，德国科学家埃米尔·阿道夫·冯·贝林（Emil Adolf von Behring）因研究血清疗法防治白喉、破伤风而获得诺贝尔生理学或医学奖（第一届诺贝尔奖），是传染病免疫治疗和疾病预防学的创始人。

1905年，德国科学家罗伯特·科赫（Robert Koch）因对细菌学的发展作出的贡献而获得诺贝尔生理学或医学奖，是世界病原细菌学的奠基人和开拓者。

1908年，德国科学家保罗·埃利希（Paul Ehrlich）因发明治疗梅毒的有效药物606（砷凡纳明），俄国微生物学家与免疫学家埃黎耶·梅契尼可夫（Elie Metchnikoff）因发现胞噬作用（一种由白细胞执行的免疫方式），而共同获得诺贝尔生理学或医学奖。

1945年，英国科学家亚历山大·弗莱明（Alexander Fleming）因发现青霉素而获得诺贝尔生理学或医学奖。

1952 年,美国科学家赛尔曼·亚伯拉罕·瓦克斯曼(Selman Abraham Waksman)因发现链霉素而获得诺贝尔生理学或医学奖。

1958 年,美国科学家乔舒亚·莱德伯格(Joshua Lederberg)因发现细菌的基因重组和遗传物质结构而获得诺贝尔生理学或医学奖,是细菌遗传学之父。

1965 年,法国科学家弗朗索瓦·雅各布(Francois Jacob)、雅克·吕西安·莫洛(Jacques Lucien Monod)因发现微生物基因调控机制而获得诺贝尔生理学或医学奖。

1969 年,美国科学家马克斯·德尔布吕克(Max Delbrück)、阿尔弗雷德·德·赫尔希(Alfred Day Hershey)、萨尔瓦多·爱德华·卢里亚(Salvador Edward Luria)因发现噬菌体遗传结构而获得诺贝尔生理学或医学奖。

1975 年,美国科学家罗纳托·杜尔贝科(Renato Dulbecco)、霍华德·马丁·特明(Howard Martin Temin)、戴维·巴尔的摩(David Baltimore)因发现反转录病毒和反转录酶而获得诺贝尔生理学或医学奖。

1978 年,瑞士科学家沃纳·阿尔伯(Werner Arber),美国科学家汉弥尔顿·奥塞内尔·史密斯(Hamilton Othanel Smith)、丹尼尔·内森斯(Daniel Nathans)因发现并应用脱氧核糖核酸限制内切酶而获得诺贝尔生理学或医学奖。

1997年，美国科学家斯坦利·B.普鲁西纳（Stanley B. Prusiner）因发现朊病毒及其致病机理而获得诺贝尔生理学或医学奖。

2008年，德国科学家哈拉尔德·楚尔·豪森（Harald zur Hausen）因发现人类乳突淋瘤病毒（HPV），法国科学家弗朗索瓦丝·巴尔-西诺西（Francoise Barré-Sinoussi）和吕克·蒙塔尼（Luc Montagnier）因发现人类免疫缺陷病毒（HIV）而获得诺贝尔生理学或医学奖。

2016年，日本科学家大隅良典（Yoshinori Ohsumi）通过酿酒酵母发现了细胞自噬机制，并因此获得诺贝尔生理学或医学奖。

2020年，美国科学家哈维·詹姆斯·阿尔特（Harvey James Alter）、查尔斯·莫恩·赖斯（Charles Moen Rice）和英国科学家迈克尔·霍顿（Michael Houghton）因发现丙型肝炎病毒而获得诺贝尔生理学或医学奖。

科学家的终极目标是对真理的探寻。一代又一代科学奉献者的曲折和艰辛开创了如今这般光明的微生物学领域。我们相信，随着学科交叉、基因组研究的深入和扩展，微生物学将为生命科学的发展作出更大的贡献，在诺贝尔奖历史上增添更为浓重的一笔。

在历史的长河中，随着对微生物认知的深入，人类慢慢掌握了驾驭微生物的本领,让微生物这把“双刃剑”更好地为人类服务。我们将从以下五个方面阐述微生物学的发展如何极大地促进了人类的进步。

## ›››微生物和医疗健康

日本学者尾形学在《家畜微生物学》中写道:在近代科学中,微生物学是对人类福利贡献最大的科学之一。人类在医疗保健战线发起了“六大战役”:外科消毒手术的建立;寻找人畜重大传染病的病原菌;免疫防治法的发明和广泛应用;磺胺等化学治疗剂的普及;抗生素的大规模生产和推广;利用工程菌生产多肽类生化药物。一贯猖獗的细菌传染病得到了有效控制,其中天花是地球上第一个被人类消灭的传染病(1979 年 10 月 26 日),脊髓灰质炎和麻疹也将成为第二和第三个被消灭的传染病。据估计,自从 18 世纪末 E. Jenner 发明种痘以来,人类的平均寿命至少提高了 10 岁,而青霉素等大批抗生素的广泛应用又使人类的平均寿命提高了 10 岁。

随着人体“第二基因组”的人体微生物组的深入研究,医疗变革也悄悄来临。研究发现,小到肥胖问题,大到糖尿病和抑郁症,都与微生物菌群密切相关。目前微生物组新技术,如微生物组检测和微生物治疗,正逐步从实验室走向市场,成为医疗健康产业的颠覆者,开启了精准医疗的新时代。

## 》》微生物和工业生产

在我们身边，随时随地都可以发现微生物工业生产的产品，如传统的酱油、食醋、抗生素等，以及最近新催生的生物基化学品（聚乳酸、长链二元酸等），生物酶制剂（纤维素酶、淀粉酶等），生物能源（燃料乙醇、生物柴油等），石油开采和细菌冶炼，等等。

早在几千年前，祖先们就利用微生物生产美酒、调料和食品。例如：从《汤液缪醴论》的记载可知，我国的酿酒技术起源于前2600—前2200年。酱油酿造和通过蒸馏生产白酒分别始于周朝和宋朝。

1857年，荷兰人汉森创造了单细胞纯种培养啤酒酵母的方法。

1881年，焦金森利用啤酒酵母生产啤酒，阿瓦瑞利用乳酸菌生产乳酸。

1894年，日本人高峰让吉利用米曲霉制造淀粉酶。

1928年，弗莱明发现了产黄青霉分泌青霉素，当时称为盘尼西林。到1942年，通过深层培养法，实现了盘尼西林的工业生产。

…………

1973 年,基因技术敲开了微生物制造大门。

…………

随着科学技术的进步,高通量组学、基因组水平代谢工程、合成生物学和生物反应器等被应用于微生物制造中,使微生物制造产业已发展为可持续发展的朝阳产业。据估计,到 2030 年,世界上 35%的化工产品将被微生物制造产品所取代。

最近几十年,我国政府高度重视微生物制造产业的研发能力,加大投入,推动了我国微生物制造科技和产业的快速发展。目前我国已经形成了淀粉、纤维素、木质素油脂、蛋白质等系统的产业链,并且在柠檬酸、谷氨酸、维生素 $B_2$、淀粉酶等领域产量排名世界第一。但是,也面临着多个严峻问题,如核心菌种自主率低,前沿科研技术被国外垄断,关键生产设备依赖进口,等等。

## ›››微生物和农业生产

“民以食为天”,粮食生产是全人类生存面临的头等大事。微生物在农业生产中的作用多种多样,举足轻重,但是往往被忽视。例如,在生物防治方面,主要利用生物物种间的相互关系,以一种或一类生物抑制另一种或另一类生物。常见的有:利用白僵菌防治马尾松毛虫、大豆食心虫和玉米螟等;利用苏云金芽孢杆菌防治林业害虫;利用 5406 放线菌防治苗木立枯病;等等。在农业增产方面,如利用微生物制造微生物菌肥和生长调节剂等。在饲料方面,利用微生物制造单细胞蛋白和食用菌,如产朊假丝酵母、食用蘑菇等。

## ›››微生物和环境保护

微生物是地球生态系统中的“分解者”或“还原者”,是重要元素如碳、氮、硫、磷等循环的主要推动者,是海洋和其他水体光合生产力的基础,也是环境污染和监察中的重要指示生物。因此,微生物在环境保护和生态平衡中的地位是其他生物无法取代的。目前很多微生物已经被用于生态恢复,例如:利用微生物肥料、杀虫剂或农用抗生素等取代化学肥料和农药;利用微生物生产聚乳酸,制造易降解的塑料、餐具等,减少“白色污染”;利用微生物进行污水处理;等等。

## ›››微生物和生命科学基础研究

微生物由于其五大共性及培养方便,一直是生命科学研究者的理想研究对象。基于微生物的基础研究取得了很多具有重大意义的科研成果。例如,模式单细胞真菌酿酒酵母、模式丝状真菌粗糙脉孢菌(*Neurospora crassa*)、模式原核生物大肠埃希氏菌(*Escherichia coli*)。

在生命科学世纪(21 世纪),微生物学将继续起着极其重要和独特的作用。如果生命科学正处于“朝阳科学”阶段,微生物学则处于“晨曦科学”阶段;如果微生物学是一座“富矿”,那么目前仅仅是“刚剥去一层表土的富矿”。目前已研究和记载的微生物种数,仅占地球上实际存在量的3%~5%。目前人工能培养的微生物不到地球总微生物的1%。因此,人类对微生物资源的研究、开发工作只是刚刚开始。

# 开启生物革命

科学家的天职叫我们应当继续奋斗，彻底揭示自然界的奥秘，掌握这些奥秘便能在将来造福人类。

——居里夫人

生物科学是所有自然科学中进展最快的学科之一，多种新技术的进展让我们更深刻地理解了生命的本质和生物系统的精妙调控。

## 眼见为实：基因组测序

百闻不如一见，耳听为虚，眼见为实。基因组测序技术让人们客观、真实地看到了遗传信息，是目前生物研究领域中最具有影响力的工具之一。2001 年人类基因组图谱的完成，标志着基因组学引领的第二次生物科学革命开启。2021 年，在人类基因组公布 20 周年之际，*Nature* 发表了 "Milestones in genomic sequencing"，着重介绍了 17 个里程碑事件。这些新技术的出现，让人们更加了解生物世界的微观组成和各个组成成分之间的关系,也更加了解人类自身,不仅包括基因组图谱,还深入个体水平、单细胞水平和表达谱水平。

(1)里程碑1:人类基因组序列草图发布(2001年)

人类基因组计划在1985年被提出,1990年正式启动,由美国、英国、法国、德国、日本和中国共同完成。2001年,完成人类基因组草图。2003年,完成基因组测序,但仍有约8%的序列缺失或错误。直到2021年5月,才完成了迄今人类最完整的人类基因组测序,比之前增加了近2亿个碱基对的新序列,包含2 226个同源基因拷贝和115个新蛋白质编码基因。

(2)里程碑2:应用宏基因组学对未培养微生物进行测序(2004年)

目前能进行人工培养的微生物不到所有微生物的1%,那么剩下的99%如何研究呢?2004年,两项研究利用对环境样品的所有DNA进行测序,分析测得的DNA序列可了解环境中所有的微生物群落,开启了宏基因组学时代。目前宏基因组测序技术已渗透多个领域,如生物医药、环境修复、生物能源等,并衍生出宏转录组学、宏蛋白质组学、宏代谢组学等。

(3)里程碑3:下一代测序技术(2005年)

第一代测序技术Sanger测序的高成本和低速度限制了

其高通量测序。2005年，高通量、大规模并行的测序技术出现，可以同时对几十万甚至几百万条核酸分析进行测序，且成本很低，当时被称为下一代测序技术。

(4)里程碑4:染色质免疫沉淀测序技术(2007年)

染色质免疫沉淀测序技术是在全基因组范围内研究蛋白质与DNA互作的分子生物学技术，可以高通量地筛选和鉴定在体内蛋白质结合的DNA位点，广泛应用在组蛋白、转录因子等相关领域。

(5)里程碑5:个体基因组测序技术(2008年)

2008年，应用Solexa测序技术在几周之内完成了对一名非裔个体和一名亚裔个体的基因组测序。

(6)里程碑6:癌症基因组测序的突破(2008年)

2008年11月6日，首个急性髓系白血病样本的全基因组序列公布。

(7)里程碑7:转录组学(2008年)

转录组学利用Poly(A)尾筛选出mRNA，反转录生成cDNA，使用下一代测序技术进行测序，获取mRNA序列信息。

(8)里程碑8:长序列基因测序技术(2009年)

下一代测序技术获得的单条序列很短，无法得到准确的基因序列，尤其是遇到多条重复序列时。2009年，PacBio

公司和 Oxford Nanopore Technologies 公司发明的 SMRT 和纳米孔单分子测序技术补全了下一代测序技术的短板,被称为第三代测序技术。

(9)里程碑 9:全外显子组测序技术(2009 年)

全外显子组测序技术是指在全基因组范围内,利用靶标序列捕获技术将外显子 DNA 捕获并富集,再进行高通量测序的分析方法。2009 年,华盛顿大学 Sarah Ng 博士和合作团队第一次利用全外显子组测序技术在 Freeman-Sheldon 综合征患者中发现致病基因 MYH3 发生突变。

(10)里程碑 10:Hi-C 技术打开细胞核结构的大门(2009 年)

Hi-C 技术是指利用基因组捕获技术在全基因组范围内,研究整个染色质 DNA 在空间位置上的关系及互作关系,从而构建高分辨率的 3D 基因组。

(11)里程碑 11:单细胞测序技术(2009 年)

世界上没有完全相同的两片叶子,同理,也没有完全相同的两个细胞。传统的基因组测序,是“吃大锅饭”,成千上万的细胞混在一起,很难挑选出滥竽充数的“东郭先生”。在多细胞生物中,细胞的分裂和分化必然会产生或大或小的差异,也就是遗传异质性。这些差异有时候是好事,比如让生物体更加适应环境、提高抗病能力等,但有时候也是坏事,如几个点突变将诱发原癌基因转变为癌基因。如果在单细胞水平测序，就会清楚地发现每一个细胞的遗传信息，从而揭示细胞群体差异和进化关系。

顾名思义，单细胞测序技术就是在单个细胞水平上，对基因组、转录组及表观基因组进行测序分析，揭示单个细胞特异的基因结构和表达状态，如结构变异、拷贝数变异、mRNA 水平等，精确区分不同细胞类型，有助于细胞水平分子机制的解析。

2009 年，Tang 等首次对单个小鼠卵裂球进行了全转录组测序。2013 年，*Nature Methods* 将单细胞测序技术评为“年度技术”。

（12）里程碑 12：古人类基因组测序（2010 年）

2010 年，尼安德特人（*Homo neanderthalensis*）基因组序列草图首次公布。两年之后，进一步公布了尼安德特人基因组序列。同年，古因组特人的基因组也被首次报道。

（13）里程碑 13：编纂公共基因组库（2012 年）

2012 年，由中国、英国、美国和德国等国家共同承担的国际科研合作项目“千人基因组计划”首次公布了千人规模以上（1 092 人）的基因组数据。

（14）里程碑 14：DNA 元件百科全书（2012 年）

2003 年，DNA 元件百科全书（ENCODE）计划启动，目标是建立人基因组中具有功能性的全部元件清单。2012 年，

ENCODE 计划第二阶段(ENCODE 2)完成,在人类转录组谱、基因组修饰、组蛋白修饰、转录因子调控及染色质结构等方面取得了丰硕成果,在 *Nature* 等期刊上发表 30 篇论文。2020 年, ENCODE 3 宣布完成,着力绘制人染色质三维结构全景图,在 *Nature* 等期刊上发表 14 篇论文。

(15)里程碑 15:泛基因组(2014 年)

泛基因组包括某个物种的全部基因,包括核心基因、非必需基因和个性特异性基因。2014 年,首个大豆的泛基因组发表。

(16)里程碑 16:基因组进入白金时代(2017 年)

2017 年,结合 PacBio 长读长测序、光学图谱 BioNano、Hi-C 技术等完成了高质量的山羊(*Capra hircus*)基因组。多组合技术降低了成本,改善了基因组从头组装的质量,标志着基因组从头组装进入了白金时代。

(17)里程碑 17:端粒到端粒的完整组装填补了人类基因组序列中的空白(2020 年)

2020 年,加利福尼亚州大学圣克鲁兹基因组学研究所团队利用纳米孔测序技术完成了人类 X 染色体的端粒到端粒的完整组装,标志着基因组测序开始新时代。

基因科技服务在一代测序时代就存在,从二代测序时代开始呈爆发式增长。最新的高通量技术将生命的过程转变成数据和信息进行分析，满足更多研究对数据更加深入挖掘及探索的个性化需求。目前，单一组分、单一层次的研究已经无法满足复杂生物过程研究的需要。高通量组学技术应运而生，整合了基因组、转录组、蛋白质组、代谢组等多组学研究技术，为系统生物学提供了海量的实验数据和先进的技术方法，是系统生物学和精准医学研究发展的必要基础，也是未来生物科学和医学研究的重要手段。

## »“孙悟空七十二变”：合成生物技术

“变、变、变……”，合成生物技术使神话传说变为现实。

2010 年 5 月 21 日，马里兰州 J. Craig Venter 研究所合成出第一个合成细菌细胞，称为 JCVI-syn1.0。它是地球上第一个具有完全合成基因组的生物。

2014 年 5 月 3 日，美国约翰斯·霍普金斯大学的科研人员第一次人工合成了酿酒酵母的 3 号染色体。

2021 年 9 月 24 日，中国科学院天津工业生物技术研究所马延和团队不依赖植物光合作用，从头设计出包含 11 步主反应的人工生物系统，固定 $CO_2$ 合成淀粉，淀粉合成速率是玉米的 8.5 倍。

…………

类似以上颠覆传统、造物致用的例子如雨后春笋般涌现出来(图 15)，这一切都离不开发展迅速的合成生物学。

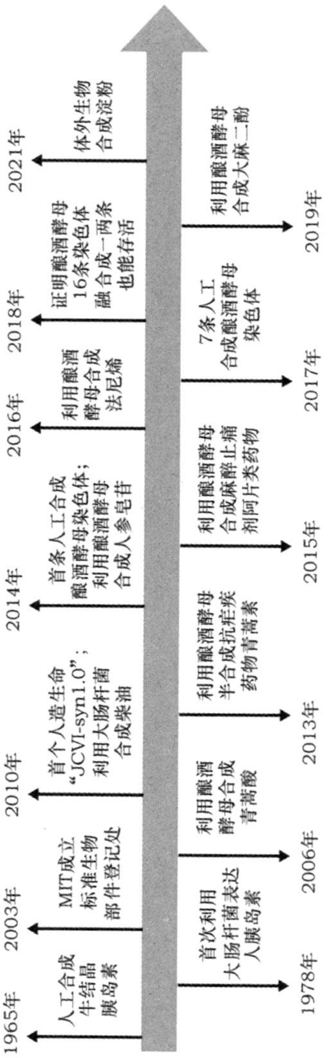


图15 合成生物学的标志性成果

合成生物学是什么？

合成生物学没有固定的定义，是一个广义术语，是横跨分子生物学、农学、微生物学、物理学、化学、工程技术、计算机科学和生物信息学等多个领域的新型交叉学科（图16）。最初于1980年被提出，在2000年美国化学年会上再次被提出，到2003年获得国际科学界认可，引领生物科学进入第三次革命时代。合成生物学可以对生命系统从理解到设计再到创造，它基于系统生物学，结合工程科学原理，重编改造天然的或设计合成新的生物体系，其核心是以目标导向设计产品。国内科学家将合成生物学概括为“建物致知，建物致用”。通俗地说，合成生物技术就像搭乐高积木一样，首先明确自己要完成的造型，是搭一个变形金刚，还是

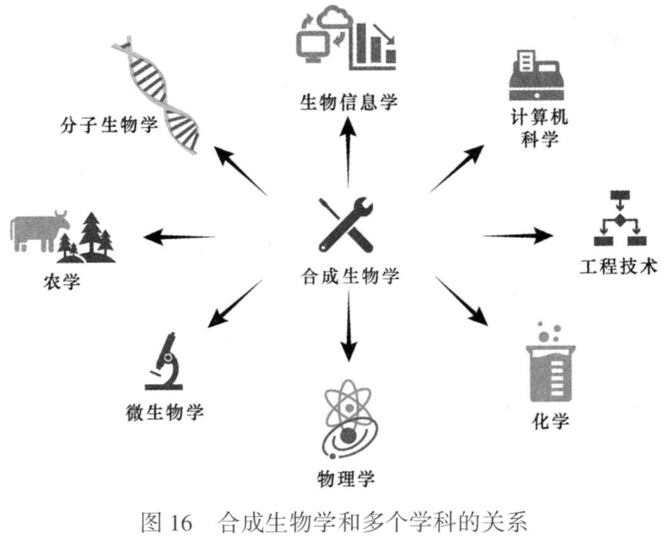


图16　合成生物学和多个学科的关系

宇宙飞船;接着是如何搭,也就是设计图纸和路线;在此基础上准备所需积木并搭建;最后是该作品的用途,是当作礼物送给朋友,还是自己留在家里欣赏;等等。这正是合成生物学的魅力所在。

合成生物学的建立和兴起离不开前两次生物科学革命奠定的基础。第一次是分子生物学的创立和发展,其标志性成果是沃森(Watson)和克里克(Crick)发现了DNA双螺旋结构,以及佩鲁茨(Perutz)和肯德鲁(Kendrew)对血红蛋白和肌红蛋白三维空间分子结构的解析。第二次是基因组学的创立和发展,其标志性成果是人类基因组图谱的完成。基因组是生命系统的指令中枢,基因组“读-改-写”是推动合成生物学迅速发展的动力。

基因组“读”是指基因组测序技术,从第一代Sanger测序到第三代单分子实时测序和纳米孔测序,低成本、低难度,高速度、高精准度,推动着大型基因组和复杂基因组从草图走向完成图。

基因组“改”是指基因组编辑技术,从人工诱变到定点编辑,从锌指核酸酶到规律成簇的间隔短回文重复,适用对象广、简便性强,推动着精准编辑、高通量编辑走向应用。

基因组“写”是指基因组合成技术,从头设计与化学再造,书写人工基因组,实现对生命性状的定制。

基因组“读-改-写”三位一体,“读-改”为“写”提供理论技术支撑,“写”验证“读-改”,同时也为“读-改”提供指导。

如今,合成生物学已经展示出其强大的能力和更重要的使命,在助力农业发展、人类健康、环境污染治理、能源、生物材料等领域大放光彩。那么,合成生物学将来一定会畅通无阻,一路绿灯吗?答案肯定是“不”。事实上,目前只是“万里长征的第一步”,还有很多个“沼泽草地”“冰山雪岭”“金沙江”“大渡河”等严峻的挑战需要科研工作者去征服。例如,标准化基因元件(类似乐高积木)的缺乏、表征不清楚和兼容性差。基因元件是基因转录与翻译过程中生物分子及其对应的 DNA 序列,如启动子、终止子、转录激活序列、阻遏蛋白、重组酶等。基因回路的不稳定及精细调控不清楚。基因回路是由调控元件和被调控的基因构成的特定逻辑关系,以实现所设计的预期功能。还有如何将实验室设计的图纸放大到工厂生产等,其中成本太高是最主要的限制因素。

另外,合成生物学还涉及生物安全、生物安全风险和伦理等方面。例如,合成有机体是否打破生态系统的动态平衡,如何规避生物恐怖主义的发生,合成生物学是否沦为富人阶级的特权工具,等等。因此,我们还有非常长的路要走,离合成生物学的最终目标——在理性设计指导下构造任意的生物系统实现指定的功能,还有“十万八千里”。

## ››终极挑战:人脑计划

人脑的重要性不言而喻。人脑主要由大脑、小脑、间脑和脑干组成,其中,大脑是中枢神经中最大、最复杂的结构,控制着人的意识、语言、记忆和精神等,是有史以来最复杂的"计算机"。据估算,人脑有140亿~150亿个脑细胞、860亿个神经元。那么,大脑是如何思维的、如何运转的,是21世纪人类与科学面临的终极挑战。

为了挑战极限,人类脑计划应运而生,终极目标是绘制人类大脑神经元回路图,明确大脑的运转机制,从而寻找到解决神经、精神系统疾病的方法,是继划时代的三大科学工程(曼哈顿计划、阿波罗登月计划和人类基因组计划)后最宏大的研究项目。近年来,多国相继推出各自有所侧重的人脑计划。

## >>>美国人脑计划

2003年4月2日,美国启动人脑计划——推进创新神经技术人脑计划,目标是彻底改变我们对人脑的理解,包括以下七个优先领域:大脑细胞类型、回路图谱、神经元活动的测量、介入工具、理论和数据分析工具、人类神经科学、整合途径。美国人脑计划由美国国家卫生研究院主导,美国国家科学基金会、国防部高级研究计划局、美国食品药品监督管理局、美国情报高级研究计划署等机构参与。

目前美国人脑计划已进入BRAIN 2.0时代(2020—2026年),包括三个新内容:建立一个全面的人脑细胞类型图谱;构建完整的哺乳动物大脑微连接图谱;开发可以精准定位特定脑细胞的工具。

自从启动以来，美国人脑计划取得了一系列的丰硕成果，例如：

2019 年 7 月 4 日，完成了秀丽隐杆线虫（*Caenorhabditis elegans*）全部神经元的完整图谱，以及全部神经元之间所有的 7 000 个连接。

2021 年 5 月 29 日，推出了迄今为止人类最全面、最详细的“人类大脑地图”H01 数据集，也是第一个大规模研究人类大脑皮层的突触连接的样本，包括数万个神经元、1.3 亿个突触。但是，这一样本仍然只是人类大脑容量的百万分之一。

2021 年 10 月 7 日，*Nature* 一次性上线了 16 篇重磅论文，发布了史上最全大脑运动皮层细胞图谱。

### >>>欧盟人脑计划

2013 年 10 月 1 日，作为欧盟旗舰计划的重要部分，欧盟推出了自己的人脑计划，计划为期 10 年。目前，该计划有欧洲 16 个国家的 123 个合作机构参与。欧洲人脑计划的目标是为人脑科学研究建立一个信息和通信技术平台，包括神经信息平台、大脑模拟平台、高性能分析和计算平台、医学信息平台、神经形态计算平台和神经机器人学平台。列举所取得的成果如下：

2016 年 4 月 7 日，建立了一个有生物真实性的微皮层回路模型。

2018 年 10 月 30 日，神经技术恢复脊髓损伤患者行走。

2020 年 1 月 3 日，发现单个神经元，甚至神经元的树突具有计算能力。

2020 年 8 月 21 日，创建了一个独特的多层次、可视化的 3D 人脑图谱。

…………

## ›››日本人脑计划

日本人脑计划“综合神经技术用于疾病研究的人脑图谱”在 2014 年启动，计划为期 10 年。日本人脑计划的侧重点在于绘制灵长类动物狨猴大脑图谱，帮助了解人类大脑，分为三个主要领域：绘制狨猴大脑的结构和功能图谱；开发用于绘制大脑图谱的尖端技术；绘制人脑图谱及相关临床研究。

列举所取得的成果如下：

2018 年 2 月，绘制出 3D 狨猴大脑图谱。

2019 年 11 月，发现不同精神疾病患者的胼胝体部白质结构存在相似改变，但与正常个体存在显著差别，如精神分裂症、躁郁症、孤独症谱系障碍、重度抑郁症，为精神疾病分类提供新的理论支持。

## >>>澳大利亚人脑计划

2016 年 2 月,澳大利亚人脑计划启动,主要集中在新工业、教育、健康三个方面开展研究,涉及阐明神经和精神疾病的脑异常机制,揭示神经环路和脑网络的认知功能、研发新的药物,医疗设备并发展可穿戴技术。目前已在仿生视觉和神经镇痛装置等方面取得了丰硕成果。

## >>>加拿大人脑计划

2017 年,加拿大启动人脑计划,重点开展大脑发育与功能研究及如何防治脑疾病。

## >>>韩国人脑计划

2016 年 5 月,韩国提出人脑计划,其研究核心是破译大脑的功能和机制,阐明调节大脑功能的整合和控制机制,以及开发用于脑成像的新技术和新工具。

## >>>中国人脑计划

经过 4 年的充分酝酿和讨论,我国于 2018 年正式确定了中国人脑计划的研究内容:“一体两翼”的基本架构。其中“一体”是指认识人脑,阐释人类认知的神经基础;“两翼”是指保护人脑和模拟人脑,预防、诊断和治疗人脑重大疾病和基于人脑运作原理和机制,通过计算和系统模拟推进人工智能。2021 年 9 月 16 日,科技部正式发布《科技创新 2030—“脑科学与类脑研究”重大项目 2021 年度项目申报指南的通知》,标志着中国人脑计划正式启动。该指南涉及脑认知原理解析、认知障碍相关重大脑疾病发病机理与干预技术、类脑计算与脑机智能技术与应用、儿童青少年脑智发育等59个研究领域和方向。

至今,中国人脑计划已经取得多项世界顶尖突破:

2018年3月22日,首度解码人脑"中央处理器",完成了人胚胎发育早期及中期大脑前额叶皮层部分的单细胞图谱,是前额叶皮层发育研究史上的重要突破和重大进展。

2019年7月8日,完成最完整的大脑远程投射图谱。

2021年7月26日,绘制完成迄今最高精度猕猴三维脑图谱。

2021年10月13日,针灸研究获得历史性突破:针刺驱动迷走神经-肾上腺抗炎通路的神经解剖基础。

另外,还值得关注的有:

2021年3月,设立国家心理健康和精神卫生防治中心、中国健康教育中心。

2021年4月16日,以复旦大学附属华山医院、首都医科大学宣武医院、北京天坛医院为主体成立国家神经疾病医学中心。

可以期待,通过人脑计划的实施,人类将更清楚地了解人脑运转的机制,这些认知将更有利于理解和治疗多种精神和神经疾病。

## >>“碳中和”利器：绿色生物制造

近年来，极端强寒潮、巨型龙卷风、百年不遇洪灾与旱灾等极端天气多发重发，已成新常态。虽说全球变暖不能独自“背锅”，但是也脱不了干系。全球变暖，也称温室效应，一般认为是由于石油、煤炭、天然气等化石燃料及树木等的焚烧产生大量的二氧化碳、一氧化碳等温室气体导致的。这些温室气体不但不能阻挡太阳辐射的可见光，还吸收地球辐射的红外线，导致地球表面温度升高。研究显示，地球温度每上升 1 ℃，海平面将上升约 2 米，届时众多沿海地区将出现大量的“意大利威尼斯”。

为了延缓温室效应，《巴黎协定》提出将全球平均气温较工业化前水平升高幅度控制在 2 ℃以内，并为控制在 1.5 ℃以内而努力。目前多国政府都在积极制定“碳中和”的目标。

碳是生命中最重要的元素之一，常以化合物的形式存在，这些化合物包括葡萄糖、二氧化碳、甲烷、碳酸钙等。人类生产经营的多种活动，例如，焚烧、交通运输、火力发电等，都会产生大量含碳元素的温室气体，如二氧化碳、甲烷，将排放温室气体这件事，叫作“碳排放”。当一个国家的碳排放达到顶峰时，叫作“碳达峰”。当一个国家二氧化碳自然吸收量和人为固碳量的总和，等于“不得不排放”的二氧化碳量时，即视为“净零排放”，也称“碳中和”。

在“碳达峰”“碳中和”的大背景下，绿色制造成为破解资源、能源和环境瓶颈制约的利刃,也是多国研究者普遍关注的研究方向。1996 年,美国制造工程师协会第一次提出可持续性发展的绿色制造模式,旨在综合考虑企业效益、环境保护和人群需求,在满足产品质量、成本和功能的前提下,实现环境保护和能源节约,覆盖产品整个生命周期,包括设计、生产、物流、运行和回收处理等。我国绿色制造起步晚,相对滞后,但是通过加强规划引导、完善扶持政策、将绿色发展理念纳入相关产业发展规划,使得我国绿色制造水平明显提升,绿色制造体系初步建立。

绿色生物制造是绿色制造的未来发展方向之一,是全球新一轮科技革命和产业变革战略制高点。绿色生物制造以工业生物技术为核心,通过多种酶和微生物细胞等细胞工厂,结合合成生物学、工程学等方法,改造现有制造工艺或利用生物质如糖、淀粉、木质纤维素、动植物油及温室气体如二氧化碳等原料,生产生物能源和生物基产品。简而言之,绿色生物制造是利用自然界广泛分布的微生物,通过生物转化将廉价原材料变成人类所需求的产品。研究表明,绿色生物制造在减少化石能源使用及碳排放过程中涉及能源、产品和过程三个方面。能源方面,生物乙醇替代化石能源;产品方面,每使用 1 吨生物基产品,将减少 300 吨标准煤的使用和近 800 千克二氧化碳排放;过程方面,每使用 1 千克酶制剂,可减排 100 千克二氧化碳。因此,绿色生物制造成为“碳中和”的利器,相关研究正在如火如荼地进行,也成为各国科技竞争的重要内容。

目前根据原材料的不同,绿色生物制造已发展了三代。

(1)第一代:以植物淀粉、植物糖等为原料。

以植物淀粉、植物糖等为原料生产生物乙醇,即粮食乙醇,是目前比较流行且成熟的绿色生物制造。全球生物燃料总产量约为 1.3 亿吨,其中第一代用粮食和蔗糖生产的燃料乙醇为 8 672 万吨,生物柴油为 4 352 万吨。美国自 20 世纪 80 年代开始大力发展燃料乙醇,主要以转基因玉米淀粉为原料,是全球第一大燃料乙醇生产国,并连续数年为燃料乙醇净出口国,燃料乙醇产量占全球产量的 50%以上。巴西是世界上最早推行燃料乙醇应用的国家,主要以甘蔗蔗糖为原料,是全球第二大燃料乙醇生产国和第一大燃料乙醇出口国,燃料乙醇产量占全球产量的 30%以上。燃料乙醇的应用遍布欧盟所有成员国,其产量占全球的 5%以上。中国燃料乙醇产业相对发展较晚,20 世纪 90 年代开始酝酿,21 世纪初规模化发展,主要以玉米、小麦和水稻等粮食作物为原料,其产量位列美国、巴西和欧盟之后,占全球的 3%以上。

目前,市场上生物乙醇的主要应用方式是掺烧,即将生物乙醇与汽油按照一定比例混合成车用乙醇。按照添加的乙醇体积比例分为 E10 和 E15 等。我国最近几年大力推广 E10 车用乙醇,已覆盖至少 13 个省级行政区,如黑龙江、天津、吉林、广西等。

粮食乙醇生产工艺主要包括三个步骤:首先,生淀粉高温蒸煮糊化,再加入地衣芽孢杆菌产生的耐高温 α-淀粉酶进行高温液化,反应条件是 pH 为 6.0 ~ 6.5 和温度为 95 ~ 105 ℃,生产淀粉糊精和小分子寡糖。其次,降低温度至 60 ~ 65 ℃,调整 pH 为 4.0 ~ 4.5,添加黑曲霉产生的糖化酶进行糖化,生成葡萄糖。最后,加入酿酒酵母作为细胞工厂进行发酵产生粮食乙醇。

值得注意的是,淀粉糊化糖化过程中需要高温蒸煮及加热加压,消耗大量能量和增加设备投入,大大提高了生物乙醇的生产成本。同时,糖化酶和 α-淀粉酶的最适 pH 不相同,需要反复调节 pH,浪费了试剂的同时也造成了一定的环境污染。因此,寻找合适的酶或者合适的微生物细胞工厂非常重要。

生淀粉酶是可直接作用、水解或糖化未经蒸煮的生淀粉颗粒的一类酶。其中生淀粉糖化酶能直接将生淀粉水解成葡萄糖,可以改变传统淀粉水解加工工艺,直接将糊化、液化及糖化多步合并为一步进行,节约成本,减少环境污染。研究表明,生淀粉酶的应用可减少所生产出乙醇的燃烧值 10%~20%的能量消耗,具有非常好的开发和应用前景。然而,目前报道的生淀粉酶的酶活力和产量都不高,以及对水解生淀粉种类具有偏好性,生产应用成本较高,无法满足大规模工业应用。因此,开发好的酶制剂是关键,也是生物科学和生物工程研究的重要内容。

(2)第二代：以木质纤维素，包括农作物秸秆、甘蔗渣、森林残留物、城市固体废物等为原料。

木质纤维素是植物细胞壁的主要成分，主要由纤维素、半纤维素和木质素三部分组成。天然植物细胞壁中，纤维素聚集成束，排列紧密；半纤维素和木质素通过化学键连接成网格结构，紧密围绕在纤维素周围（交联在一起），形成“钢筋水泥”结构的“铜墙铁壁”。不同来源植物纤维素、半纤维素和木质素质量分数差异很大。一般来说，纤维素、半纤维素和木质素质量分数分别为 32%～60%、35%~40% 和 17%~20%。之前，人们一直认为这些木质纤维素是废弃物，或焚烧，或丢弃，浪费了资源也污染了环境。随着科学技术的发展，“变废为宝”的时代已悄悄来临。

纤维素，是地球上最丰富的可再生资源，是由数以万计的 D-吡喃葡萄糖残基通过 β-1，4-糖苷键连接的线状高分子化合物。半纤维素是由多种不同单糖构成的异质多聚体，如木糖、阿拉伯糖、甘露糖和半乳糖等。半纤维素的结构复杂多样，包含由 D-木糖基、D-葡萄糖基、D-甘露糖基和 D-半乳糖基的基础链（也称脊梁骨）和其他糖基连接成的侧链。木质素是植物细胞中仅次于纤维素质量分数的第二大有机大分子，是一种复杂的无定形酚类高聚合物，主要由对香豆醇、松柏醇、芥子醇三种醇单体组成。

以木质纤维素为原料生产的生物乙醇，称为纤维乙醇，其工艺流程分为两个阶段：酶水解（糖化）和乙醇发酵，是目前绿色制造产生物乙醇的重要方向。纤维素酶水解是一个非常复杂的过程。例如,纤维素酶水解纤维素过程中同时发生三个反应:固相纤维素的物理和化学变化;纤维素分子表面释放出可溶性中间体;将可溶性中间体分解为低分子量化合物,最终分解为葡萄糖。不可避免的是,“钢筋水泥”结构的“铜墙铁壁”严重阻碍了纤维素酶蛋白的水解,需要预处理木质纤维素。目前,预处理技术主要包括物理化学法和生物法,目标是瓦解木质纤维素结构,使纤维素与半纤维素、木质素有效分离,暴露出纤维素酶结合的纤维素表面。

可通过多种纤维素酶的协同作用将纤维素水解为葡萄糖。纤维素酶是三类酶的统称,包括内切-1,4-β-D-葡聚糖酶、纤维二糖水解酶和β-葡萄糖苷酶。EG作用于纤维素链分子内部,水解分子内的β-1,4-糖苷键,产生短的纤维素链或可溶性纤维寡糖,暴露出新的纤维素链末端。纤维二糖水解酶从纤维分子链两端向内水解β-1,4-糖苷键,释放纤维二糖。β-葡萄糖苷酶水解纤维二糖和纤维寡糖生成葡萄糖。

半纤维素的主要成分是木聚糖。木聚糖由β-1,4-糖苷键连接的β-D-吡喃木糖残基聚合而成,可用β-1,4-内切木聚糖酶随机切割,产生低聚木糖。低聚木糖可被β-木糖苷酶水解为木糖。多种侧链的存在一定程度上阻碍了木聚糖酶与木聚糖链的结合,降低了半纤维素的水解效率。因此,需要多种半纤维素酶如阿拉伯糖苷酶、甘露聚糖酶和木葡聚糖酶等协同作用移除侧链。

木质纤维素在经过预处理、酶水解过程后产生的二糖或单糖等可发酵糖,在微生物的代谢作用下生成生物乙醇。工业上主要使用酿酒酵母和运动发酵单胞菌进行生物乙醇的发酵生产。

目前纤维乙醇生产的工艺流程相对成熟,但是很难规模化、产业化,原因如下:

第一,原料收、储、运、存困难,农作物秸秆大都散落在农民自己耕作的地里,需要集中收集,且是季节性的。

第二,预处理成本太高,如传统机械处理等物理预处理法,以及稀酸或碱预处理等耗能高,还存在不同程度的环境污染。

第三,木质纤维素降解酶产量低、成本高。木质纤维素原料组成和结构复杂,深度降解需要多种酶的协同作用,但是生产这些降解酶的霉菌菌株如何调控产酶还不十分清楚,遗传改造工具也不够完善。

第四,非发酵糖的高效利用。目前常用的酿酒酵母只能以六碳糖为碳源,不能发酵戊糖如木糖、阿拉伯糖等。另外,木质纤维素预处理过程中产生了一定量的发酵抑制物,如呋喃类、乙酸类等,对发酵微生物的生长和代谢具有毒性。因此,提高发酵微生物的抗逆性和发酵环境适应性也至关重要。

近几十年来,全世界多个国家,如美国、巴西、丹麦、西班牙、中国等极力推动纤维乙醇的研发工作和产业化,开发了数十条纤维乙醇中式装置及产业化生产工艺。例如,2012 年,意大利 M&D 集团与诺维信合作建立的北塔可再生公司在意大利建立了世界上第一家商业规模的秸秆类(麦秆和芦竹)生物乙醇工厂,2013 年 10 月 9 日正式投产,年产 4 万~6 万吨。2014 年 9 月 3 日,荷兰皇家帝斯曼集团和美国 POET 合资企业 POET-DSM 先进生物燃料有限公司在美国艾奥瓦州建立了美国第一家纤维乙醇工厂,主要以玉米秸秆、玉米芯、玉米叶等为原料,年产 6 万~7.5 万吨。2014 年 9 月 24 日,巴西 GranBio 公司在阿拉戈斯州投产甘蔗残余物生物乙醇,年产 8 200 万升。2021 年 10 月 15 日,瑞士科莱恩宣布在罗马尼亚波达里的全球首个商业化纤维素乙醇工厂正式竣工,每年将加工 25 万吨秸秆,生产 5 万吨纤维乙醇。另外,丹麦诺维信和美国杰能科相继推出商业复合纤维素酶制剂 Cellic CTec 系列和 Accellerase 系列产品,为纤维乙醇商业化生产提供了高效的催化剂。

我国纤维乙醇起步相对比较晚,但是在国家政策大力扶持下,不断取得新突破,成功建设了一批中试线或生产线,但是产业化规模进展缓慢。2012 年,山东龙力生物科技股份有限公司建成年产 5 万吨玉米芯纤维乙醇工厂并投产。同年,济南圣泉集团股份有限公司利用诺维信纤维素酶建成投产,年产 2 万吨纤维乙醇。河南天冠集团燃料乙醇有限公司 2011 年建设完成年产 1 万吨的秸秆乙醇产业化示范项目,

2 年后，建成了年产 3 万吨的秸秆乙醇产业化项目。虽然纤维乙醇的工业化仍然存在多重挑战，但是科学家仍在继续努力攻关，不断提高生产的经济技术指标，各国政府也持续把纤维素乙醇等生物燃料的生产作为绿色制造的关键研究方向进行支持。

除了生物乙醇外，木质纤维素生物制造还可以生产多种生物基产品，如 1,3-丙二醇、乙酸、1,4-丁二醇、聚乳酸、木质素酚类聚合物、尼龙工程塑料等。目前，比较常见的生物基产品是杜邦 1,3-丙二醇、聚乳酸等。虽然大部分产品工艺仍处在实验或中试阶段，但是发展势头非常迅猛。相信不久的将来，越来越多的生物基产品将生产出来，为人类服务。

(3)第三代：以二氧化碳为原料。

温室气体二氧化碳是地球上最丰富的碳源，每年人为排放二氧化碳约 330 亿吨。如果可以直接利用二氧化碳生产人类所需产品，对碳中和目标的早日实现和人类美好生活具有重大意义。在研究人员的努力下，第三代绿色生物制造被提出，旨在利用大气中的二氧化碳和可再生能源，例如光、废水中的无机化合物和风能等产生的电能来进行生物生产。相比第一代、第二代生物制造，第三代绿色生物制造具有原料成本低、对粮食和水源供应安全威胁低、可直接消耗温室气体等优势。目前研究人员已在二氧化碳利用方面取得了一系列进展，例如，美国佛罗里达大学的研究人员利用钛金属有机骨架，将二氧化碳转化成甲酸和甲酰胺（两种太阳能燃料);瑞典林雪平大学利用太阳能将二氧化碳转化为甲烷、一氧化碳和甲酸;LanzaTech 公司与宝钢集团合作利用钢厂废气(一氧化碳、二氧化碳)等气体进行生物乙醇生产。最近,中国科学院天津工业生物技术研究所在国际上首次在实验室实现了利用二氧化碳从头合成淀粉。然而,第三代绿色生物制造仍处于实验阶段,还需要大量的工作推动其产业化。

随着生物科学的蓬勃发展,人们对蛋白质结构和功能的关系,以及细胞内代谢网络的协同作用等调控机制的理解正在不断加深,高通量筛选技术和人工智能技术不断成熟,我们可以更定向地设计酶蛋白和细胞内的代谢网络,构建出高效产酶,以及具有高抗逆性、发酵效率更强、产物收率更高的细胞工厂,让绿色制造真正能大规模产业化,更好地为人类服务,实现碳中和的目标。

## ››冷冻电子显微镜技术:开启结构生物学新时代

知其然,更应知其所以然。生物大分子的三级结构和结构功能研究,即结构生物学,是阐明生命现象的基础,也是生物科学的前沿。X 射线晶体学、核磁共振技术和冷冻电子显微镜技术是研究生物大分子的主流手段,是结构生物学的“三大金刚”。2017 年,诺贝尔化学奖被授予英国剑桥大学的理查德 · 亨德森(Richard Henderson)、美国哥伦比亚大学的约希姆 · 弗兰克(Joachim Frank)和瑞士洛桑大学的雅克·杜波切特(Jacques Dubochet),获奖理由是他们开发了用于测定生物大分子高分辨率结构的冷冻电子显微镜技术,使得冷冻电子显微镜脱颖而出。三年后,冷冻电子显微镜技术完成了划时代的突破,首次达到了原子分辨率,利用该技术能清楚地观察大分子量蛋白三维结构的原子种类和分布。

传统电子显微镜只能观测无生命的、无活性的样品,如金属、石墨等。如果用它观察有活性的生物大分子,会因为分子的运动而使得电子反射回来的信号杂乱无章。因此,如何在保持生物大分子活性的前提下,观测其空间结构,并可以研究空间结构和生物大分子功能的关系,是一直困扰结构生物学的最大难题之一。有困难,有挑战,就有希望。以上三位科学家经过努力,开发了冷冻电子显微镜技术,解决了结构生物学的难题。

理查德·亨德森利用冷冻电子显微镜技术解析了冷冻状态下细菌视紫红质二维晶体结构(分辨率为3.5埃),为冷冻电子显微镜技术的发展奠定了基础。

约希姆·弗兰克,冷冻电子显微镜颗粒三维重构技术的奠基人,率先提出单颗粒三维重构的概念,开发了第一个单颗粒三维重构的软件包SPIDER,进而开发出随机圆锥倾斜(Random Conical Tilt)三维重构方法,获得了大肠杆菌核糖体50 S亚基的三维结构,使三维重构技术走向实用。

雅克·杜波切特确立了最适用于冷冻电子显微镜技

术的样品调配法,即将水分子冻成玻璃状,保持生物大分子的天然活性状态,使得冷冻电子显微镜技术正式推广开来。

目前流行的冷冻电子显微镜技术是将生物大分子迅速冷冻(玻璃化冷冻),保留其天然形状,迅速放入投射电子显微镜中,用高度相干的电子作为光源透过生物大分子和附近冰层,发生散射,再用探测器和透镜系统收集散射信号,成像处理。

冷冻电子显微镜技术问世以来,飞速发展,给结构生物学带来了一场堪称完美的蝴蝶效应,越来越多传统晶体学长期无法解决的重要大型复合体及膜蛋白的原子分辨率结构被攻克,相关成果已被发表在顶级期刊上。列举我国著名结构生物学家施一公教授的部分成果如下:

2020 年 12 月 28 日,解析了用于治疗阿尔茨海默病的临床药物或候选药物与 γ-secretase 复合物的高分辨率结构,揭示了药物抑制剂或调节剂的工作机理,为指导其临床试验以及下一代药物开发提供了重要参考。

2021 年 1 月 28 日,解析出激活状态下的次要剪接体 Bact 复合物的冷冻电子显微镜结构,首次揭开了次要剪接体的神秘面纱。

2022 年 2 月 28 日,首次揭示真核细胞中最庞大、最复杂的分子机器之一核孔复合物核质环的冷冻电子显微镜结构。

…………

惊艳的背后，总会有伤感。冷冻电子显微镜技术距离“飞入寻常百姓家”仍很遥远，例如一般冷冻电子显微镜价格在3 000万元人民币以上，不包括配件和运行维护保养费用。因此，如何使冷冻电子显微镜技术步入大众视野，需要走的路还很远。另外，虽然国内科研工作者利用冷冻电子显微镜技术取得了一系列突破性的成果，但是不得不承认，我们的生物物理等基础理论比较薄弱，在仪器开发方面缺乏实质性创新。

## ››微生物组计划

微生物无处不在、无所不能。庞大的微生物群体不但形成了属于自己的生态系统，而且时刻影响着地球整个生态圈。随着基因组测序技术的蓬勃发展，让科学家对微生物群体的研究看到了曙光，尤其是人类基因组计划完成以后，发现解密人类基因组遗传信息并不能完全解决人类健康与疾病的关键问题。人体生态位中除了本身所携带的人基因组外，还存在大量的微生物群体的基因组。微生物群体与人的健康密切相关，例如人体微生物与肥胖、糖尿病、哮喘等息息相关。

为了表征人体微生物群，明确其如何影响人的健康和疾病,欧美发达国家以及中国相继启动了微生物组计划。微生物组是指一个特定环境或者生态系统中全部微生物及其遗传信息,包括细胞群体和数量、全部遗传物质(基因组)。

我国2017年启动的中国科学院微生物组计划的研究方向包括:家养动物肠道微生物组;创建微生物组功能解析技术与计算方法学;人体肠道微生物组;建设中国微生物组数据库与资源库;活性污泥微生物组的功能网络解析与调节机制。到2020年,中药发酵研究也被纳入中国科学院微生物组计划中。

近年来,通过各国政府大力支持微生物组计划,微生物组研究成果正在以指数级增长,连获突破,列举部分成果如下:

2012年,人类微生物组计划第一个里程碑成果登上*Nature*封面。

通过对人鼻腔、口腔、皮肤、胃肠道和泌尿生殖道中微生物组表征,发现:人体微生物种类超过10 000种,大部分为我们所知;人口腔和肠道微生物多样性最高,阴道的最低;不同个体同一部位的微生物多样性和丰度差异极显著,甚至同一部位不同位点的微生物差异也很大,但是,同一人种间的微生物代谢途径相对稳定,只有不同人种间才存在明显差异;在日常生活的健康环境中,人体各个部位的微生物组非常稳定;微生物群形成了属于自己的维稳机制,根据人体环境动态调整。

2017 年，人类微生物组整合计划科研成果再次发表在 *Nature* 上。

通过测定 1 631 个全新的微生物组，鉴定出人体部位中特定的微生物菌株，包括细菌、真菌和病毒；描述了微生物协助维持人体健康的生化过程；发现这些微生物及其生化过程随着时间的推移发生变化。

2019 年，*Nature* 宣布人类微生物组整合计划成功完成，刊发了 3 篇重磅文章，分别从微生物组与早产、微生物组与炎症肠病和微生物组与前驱糖尿病三个方面阐述了微生物组与人体疾病的关系。

2020 年 10 月 29 日，国家微生物科学数据中心团队发布了全球模式微生物基因组数据库 gcType，该数据库整合了 16 701 个有效发表的原核生物的超过 13 944 个基因组数据。

2021 年 11 月，复旦大学构建了迄今最全面的全球微生物基因目录，刊登在 *Nature* 上。该目录涵盖了肠道、口腔、皮肤、海洋、土壤等 14 个微生物的主要栖息地，收集了 13 174 个公开可用的高质量宏基因组和 84 029 个高质量的基因组，包含 3.03 亿个物种级的基因。

2021 年 11 月，125 家单位联合完成了《微生物组实验手册》。

…………

虽然目前微生物组计划取得了非常多的成果,但是还远远不足以使我们摸清微生物与疾病、微生物与生态环境等的真正关系,仍然需要来自多国家、多种族、多生态位的多维度数据,从而构建真正的微生物组。

## ››智慧生物农业

“锄禾日当午,汗滴禾下土。谁知盘中餐,粒粒皆辛苦”是传统农业的真实写照。随着互联网、云计算和物联网技术的飞速发展,智慧农业应运而生。智慧农业是集农业生产现场的各种信息如环境温湿度、土壤水分、二氧化碳、光照、生长图像等,与无线通信网络为一体,为农业生产提供精准化种植、可视化管理、智能化决策。那么生物如何为智慧农业出一份力呢?可以从以下方面着手:

### ›››生物育种

农安天下,种为基石。好的植物种子是确保国家粮食安全的源头,但是得到集抗病、优质、高产等于一身的“天才”种子像大海捞针一样难。怎么办呢?依靠先进的生物育种技术。生物育种是利用遗传学、分子生物学、现代生物工程技术等培育优良新品种的过程。生物育种可分为以下几个时期:原始驯化选育(1.0时代)、杂交育种(2.0时代)、分子育种(3.0时代),以及未来的智能分子设计育种(4.0时代)。

### ›››› 原始驯化选育(1.0时代)

在原始驯化选育时代,人们从大自然选择优良的天然野生种进行人工栽培繁殖,以某些优良性状如好吃、产量高等为目标,一轮又一轮地挑选。例如,约1万年前,我们的祖先就开始驯化水稻了。栽培稻和野生稻最大的区别是栽培稻直立生长,野生稻匍匐生长。

### ›››› 杂交育种(2.0时代)

杂交育种主要指杂交育种和诱变育种。其中杂交育种是将具有优良性状的父本和母本相互杂交,并对后代进行筛选,获得兼具父本和母本优良性状,又无其不良性状的新品种,如袁隆平院士的超级杂交稻和李振声院士的小偃系列小麦品种。

诱变育种是以具有某些优良品质的品种作为基础,借助外力如物理、化学等刺激,提高突变频率,从后代中选育具有优良性状的新突变品种。例如,中国农业科学院作物科学研究所小麦育种团队与山东农科院原子能所合作,通过核能辐射育成小麦突变品种"鲁原502",解决了重穗型品种易倒伏的生产难题,连续多年实打亩产超800千克,已成为全国第二大小麦推广品种,为国家年增产粮食40多亿千克。

自从人类实现了"上天入地"神话级传说后,航天育种

(也叫空间诱变育种)就被提上了日程。太空中具有高真空、微重力、弱磁场及复杂辐射等特点,尤其太空射线中的高能重离子,使 DNA 突变频率大大提高。我国是首创利用航天技术进行作物诱变育种的国家,始于 1987 年 8 月 5 日我国第九颗返回式科学试验卫星的发射。至今,我国先后 30 多次利用返回式卫星、神舟飞船、天宫空间实验室和其他返回式航天器搭载植物种子,进行航空育种,已培育出了 700 多个航天新品种,如高抗稻瘟病的水稻"华航 48 号",提早发芽 20 天的梅州金柚,30 天不凋谢的航天"试管玫瑰花",色价是普通辣椒 2 倍的辣椒"红龙 13 号"。

### »»» 分子育种(3.0 时代)

分子育种主要是借助分子标记辅助、转基因和基因编辑等分子生物学技术应用进行育种。简单来说,就是将控制各种优良性状(如抗倒伏、抗病害等)的基因,通过分子手段聚合在一起,再结合常规育种的方法培育具有优良性状的种子,如中国科学院东北地理与农业生态研究所通过分子育种获得的大豆新品种"合农 71"亩产 447.47 千克,将我国大豆单产纪录提高了 23.7 千克。

### »»» 智能分子设计育种(4.0 时代)

智能分子设计育种主要是结合基因编辑、分子育种、人工智能等技术,实现优良性状的精准定向改良,是生物育种未来发展的方向。

目前欧美发达国家的育种技术正处在3.0版到4.0版的过渡阶段，而我国相对落后，正由2.0版进入3.0版。但是值得自豪的是，我国水稻生物育种技术已处于世界前列，引领了国际智能分子设计育种的发展方向。

## ›››生物农药

种子再好，要是没有农药和肥料的保驾护航，产量也一般。目前化学农药在国内已使用很多年，给农业生产带来了莫大的好处。在使用化学农药和化学肥料的同时，一系列弊端也日渐显现：污染土壤、水源和空气；破坏生态结构，引起气候异常；农药残留伤害人体健康；等等。随着人们生活质量的提高，追求绿色食品和有机食品，化学农药开始被排斥，生物农药和生物肥料逐渐进入大家的视野。

生物农药泛指可用来杀灭或抑制农业有害生物的生物活体、生物源代谢产物，以及人工合成的与天然活性化合物结构相同的物质等。相比化学农药，生物农药具有选择性强、对人畜安全、不易产生抗药性、对环境影响小等优点。目前我国生物农药类型主要包括微生物农药、植物源农药、生物化学农药、农用抗生素和天敌生物五个类型。

### ››››微生物农药

微生物农药主要指以真菌、细菌、病毒、原生动物及遗传改造的微生物等活体为有效成分的农药，是目前登记数量最多的生物农药，如沼泽红假单胞菌、解淀粉芽孢杆菌、贝莱斯芽孢杆菌、苏云金芽孢杆菌、杀线虫芽孢杆菌、嗜硫小红卵菌、爪哇虫草菌、球孢白僵菌、金龟子绿僵菌、甘蓝夜蛾核型多角体病毒等,广泛应用于防治番茄枯萎病、小麦全蚀病、油菜菌核病、大白菜根肿病、水稻细菌性条斑病与白叶枯病、灰霉病、线虫、玉米螟和草地贪夜蛾等病虫害。

### 〉〉〉〉植物源农药

植物源农药主要指有效成分直接来源于植物体的农药,如除虫菊素、茶皂素、白藜芦醇、硫酸血根碱、丙烯菌酮、小檗碱、蛇床子等,广泛应用在水稻稻瘟病和纹枯病、黄瓜灰霉病、桃树褐腐病、甘蓝菜青虫等病虫害的防治。

### 〉〉〉〉生物化学农药

生物化学农药是指需要满足以下两个条件的农药:第一,对防治对象只有调节生长、干扰交配或引诱等作用,没有直接毒性;第二,天然化合物,或结构与天然化合物(允许异构体比例的差异)相同的人工合成物,如天然植物生长调节剂、天然植物抗诱剂、天然昆虫生长调节剂、化学信息素等。

### 〉〉〉〉农用抗生素

农用抗生素主要指微生物生物合成的天然有机物,在较低浓度下对植物病虫害具有特异性药理作用,如井冈霉素、春雷霉素、阿维菌素、中生菌素等,可防治水稻稻瘟病、番茄叶霉病、水稻纹枯病、作物炭疽病、白菜软腐病、甘蓝小菜蛾、烟草靶斑病等病虫害。

#### 天敌生物

天敌生物主要指除微生物农药以外，具有防治农业有害生物的活体生物，如赤眼蜂、捕食螨、平腹小蜂和瓢虫等，主要应用在防治松毛虫、玉米螟、荔枝椿象、蚜虫等虫害上。

虽然我国农药产能、产量都处于世界前列，但是主要依靠化学农药支撑，生物农药占比较低。目前我国生物农药面临着诸多问题，包括研发投入少、研发能力有限、缺少核心技术、研发与开发脱节、产品评估和产品质量标准尚不够严谨等。随着科技水平的提高，生物农药的研究已经进入分子生物学层面，处于多学科融合发展阶段，需要我们抓住机会，迎难而上，实现我国农业高质量发展的目标。

### 生物肥料

俗话说“庄稼一枝花，全靠肥当家”。化肥对我国实现仅用全球7%耕地养活22%的人口的壮举功不可没。然而，中央电视台“焦点访谈”栏目《被化肥“喂瘦”了的耕地》指出，化学肥料的喂养使土地严重板结、酸化、盐渍化、地力衰竭，造成了“增加化肥用量不增加粮食产量，甚至减产”，农产品重金属严重超标，品质恶化等后果。要想增强农业可持续发展能力，需要生物肥料来帮扶。

生物肥料一般指微生物肥料,即将微生物固定在一定的载体上,通过其生命活动如分解土壤中矿物质和有机质、固定氮等,使作物获得特定肥料效应的制品。高活力的微生物菌种是确保微生物肥料质量的标准。微生物肥料促进养分高效转化和作物对土壤养分的高效吸收,改良微生物群落结构,修复土壤,为作物根际提供良好的生态环境,是绿色农业和有机农业的理想肥料。

我国微生物肥料产业起步于 20 世纪 30 年代,到 20 世纪 80 年代后期,进入加速发展阶段。目前在各级政府的推动下,微生物肥料产业迎来暴发机遇。

微生物菌株的质量是微生物肥料效果的衡量标准。目前生物肥料产业遇到的最大问题就是优质菌株缺乏。最近,随着分子生物学的兴起,遗传工程改造菌株,是很有前景的发展方向。例如,华盛顿大学圣路易斯分校生物系 Bhattacharyya-Pakrasi 实验室将蓝杆藻(*Cyanothece* spp.)负责昼夜机制的基因,导入集胞藻(*Synechocystis* spp.)中,实现了其白天光合作用产生氧气,夜间固氮,且固氮效率提高了 15 倍以上。

## >>>细胞农业

您听说过“没有牛的牛肉,没有奶牛的牛奶”吗?或许这才是未来农业的发展方向:细胞农业。

2013 年,天价(33 万美元)牛肉汉堡诞生,只由牛细胞和营养液制作。

2019 年，南京农业大学研究团队研发出中国首块培育猪肉。

2021 年，芬兰国家技术研究中心植物生物技术团队通过咖啡细胞生产出第一杯咖啡。

…………

细胞农业指在实验室中用细胞培养物培育农产品。与传统农业相比，细胞农业产品更加纯正安全，供给更加稳定，且对环境的影响较小，不占用土地，助力碳排放，等等。

## ››生物科学无尽头

生物产业是以生物科学理论和现代生物技术为基础发展起来的专门从事生物技术产品开发、生产、流通和服务的产业群，包括生物医药、生物农业、生物化工、生物能源、生物制造、生物环保和生物服务等。进入 21 世纪以来，以分子设计、基因组学新技术、合成生物技术、生物大数据、基因编辑技术为核心的技术突破，推动了以生物科学为支撑的生物产业深刻改革。在生物科学发展的潮流中，仍有许多关键的科学问题需要我们去解答。

2021 年，适逢上海交通大学建校 125 周年，上海交通大学联合 *Science*，再次向全球征集 125 个科学问题。这些科学问题涉及数学、化学、医学健康、生物科学、天文学、物理学、信息科学、材料科学、神经科学、生态学、能源科学和人工智能多个领域,发布在《125 个科学问题——探索与发现》增刊中。其中涉及生物科学的 22 个科学问题如下:

(1)什么可以帮助保护海洋?

(2)我们可以阻止自己衰老吗?

(3)为什么只有一些细胞会变成其他细胞?

(4)为什么有些基因组非常大而另一些却很小?

(5)有可能治愈所有癌症吗?

(6)哪些基因使我们人类与众不同?

(7)迁徙动物如何知道它们要去哪里?

(8)地球上有多少物种?

(9)有机体是如何进化的?

(10)为什么恐龙长得如此之大?

(11)远古人类是否曾与其他人类祖先杂交?

(12)人类为什么会对猫狗如此着迷?

(13)世界人口会无限增长吗?

(14)我们为什么会停止生长?

(15)能否复活灭绝生物?

(16)人类可以冬眠吗?

(17)人类的情感源于何处？

(18)未来人类的外貌会有所不同吗？

(19)为什么会发生物种大爆发和大灭绝？

(20)基因组编辑将如何用于治疗疾病？

(21)可以人工合成细胞吗？

(22)细胞内的生物分子是如何组织从而有序有效发挥作用的？

相信随着对越来越多以上类似科学问题的解答，我们对生物世界的了解也会随之更深更广。

# 如何学习生物科学?

应该记住,我们的事业,需要的是手,而不是嘴。

——童第周

生物科学是一门实践学科,需要深入具体地实验研究,才能更深刻地获得对生物世界的新的认知。除了培养动手能力,多学科交叉也让生物科学研究更加全面,广博的知识面也是非常重要的。

## ››生物科学学习的“望闻问切”

《古今医统》中“望闻问切四字,诚为医之纲领”,即中医讲的“望闻问切”四诊法。望,观气色;闻,听声息;问,询问症状;切,摸脉象。能否将中医理论与生物科学学习建立联系呢?

生物科学是研究生物体(包括植物、动物和微生物等)的结构、功能、发生和发展规律的学科,是自然科学的基础学科之一。目的在于阐明自然界中存在的生命现象和生命活动规律。因此，生物科学的学习是一个探索、归纳和总结已存在真理的过程，也就是尊重事实和证据，崇尚严谨和务实，运用科学的思维方法认识生物体、解决实际问题。

在生物科学学习过程中，可以参考中医的“望闻问切”四诊法。

中医“望”，是观气色；生物科学“望”，是观现象。生物科学是透过生物现象看本质。前提是要看到生命现象。“泰山不拒细壤，故能成其高；江河不择细流，故能成其深”，所有的现象都是由一个又一个小小的细节组成的，细节不仅可以决定整个事物的最终等级，还可以改变事物的整体发展方向，甚至可以决定事情的成败。

细节决定成败，最典型的例子就是青霉素的发现。1928 年，在弗莱明外出休假回来时，发现一只未经刷洗的废弃的培养皿中长出了一种神奇的霉菌。该霉菌杀死了周围的金黄色葡萄球菌，这吊足了他的好奇心。经过多次实验他发现，这个现象可以重复，据此发现了葡萄球菌的克星——青霉素。假如弗莱明回来后没有看到废弃的培养皿，或没有看到霉菌，或没有去重复实验，结果会怎样？因此，我们在生物科学学习过程中，一定要睁大眼睛，怀有强烈的好奇心，不放过任何一个细节。

中医“闻”，是听声息；生物科学“闻”，是听信息。一般来说，每个人都会把精力集中在一个很窄的研究方向或研究点，往往研究得越深，越受到规则的束缚。这时，需要去听听报告,听听别人在做什么,为什么做,怎么做,以增长见识、开阔眼界。即便是很不相关的研究方向,也有可能在宏观上把握一些内容等。另外,做报告、做演讲也是一种能力,其逻辑思路、表达能力、PPT展示技巧等,都值得我们学习。因此,我们需要耳听八方,集思广益,开展生物科学学习。

中医"问",是询问症状;生物科学"问",是问问题、善于讨论。生物科学学习也是一种社会活动。科学研究的最终目的是让结果被公之于众。我们要将自己研究得到的成果、自己总结的经验与他人分享,接受公众的批评和检验。很多科研的灵感都是在讨论中迸发的。可以和老师、同学讨论自己的学习成果,也可以将自己阅读文献的想法,不论对与错,都大胆地和大家讨论。一个人的思维方式是比较固定的,也是有局限性的,往往在讨论中能碰撞出灵感。

中医"切",是摸脉象;生物科学"切",是勤思考、重实践、善总结。实践是检验真理的唯一标准。生物科学学科就是通过实践探索和发现现象的本质的学科。实验中要理解每一个实验的原理,并且多注重实验过程中的细节,运用科学的思维方法揭示事物演化发展的规律性。有些实验失败了,可能是因为细节处的一个错误导致的。不要盲目地去做实验,先想清楚、想明白后再动手。要多总结,经常看看之前的实验记录和数据,也许会找到些新的灵感。

## 国内生物科学类的学科和专业

生物科学类代码为0710,主要包含以下专业:

### 071001 生物科学

#### 培养目标

培养具备生物科学的基本理论、基本知识和较强的实验技能,能在科研机构、高等学校及企事业单位等从事科学研究、教学工作及管理工作的生物科学高级专门人才。学生主要学习生物科学方面的基本理论、基本知识,受到基础研究和应用基础研究方面的科学思维和科学实验训练,具有较好的科学素养及一定的教学、科研能力。

#### 培养要求

掌握数学、物理、化学等方面的基本理论和基本知识。

掌握动物生物学、植物生物学、微生物学、生物化学、细胞生物学、遗传学、发育生物学、神经生物学、分子生物学、生物物理学等方面的基本理论、基本知识和基本实验技能。

了解相近专业的一般原理和知识。

了解国家科技政策、知识产权等有关政策和法规。

了解生物科学的理论前沿、应用前景和最新发展动态。

掌握资料查询、文献检索及运用现代信息技术获取相关信息的基本方法;具有一定的实验设计,创造实验条件,归纳、整理、分析实验结果,撰写论文,参与学术交流的能力。

#### 》》》》核心课程设置

动物生物学、植物生物学、微生物学、生物化学、细胞生物学、遗传学、发育生物学、神经生物学、分子生物学、生物物理学等。

修业年限:四年

授予学位:理学学士学位

### 》》》071002 生物技术

#### 》》》》培养目标

培养具备生物科学的基本理论和较系统的生物技术的基本理论、基本知识、基本技能,能在科研机构或高等学校从事科学研究或教学工作,能在工业、医药、食品、农、林、牧、渔、环保、园林等行业的企业、事业和行政管理部门从事与生物技术有关的应用研究、技术开发、生产管理和行政管理等工作的高级专门人才。

#### 》》》》培养要求

掌握数学、物理、化学等方面的基本理论和基本知识。

掌握基础生物学、生物化学、分子生物学、微生物学、基因工程、发酵工程及细胞工程等方面的基本理论、基本知识和基本实验技能，以及生物技术及其产品开发的基本原理和基本方法。

了解相近专业的一般原理和知识。

熟悉国家生物技术产业政策、知识产权及生物工程安全条例等有关政策和法规。

了解生物技术的理论前沿、应用前景和最新发展动态，以及生物技术产业发展状况。

掌握资料查询、文献检索及运用现代信息技术获取相关信息的基本方法；具有一定的实验设计，创造实验条件，归纳、整理、分析实验结果，撰写论文，参与学术交流的能力。

### 核心课程设置

微生物学、细胞生物学、遗传学、生物化学、分子生物学、基因工程、细胞工程、微生物工程、生化工程、生物工程下游技术、发酵工程设备等。

修业年限：四年

授予学位：理学或工学学士学位

## 071003 生物信息学

### 培养目标

培养具有现代生物科学技术、计算机科学与技术、生物信息学的基本理论、基本知识和较强的基本技能，能在各级生物信息学的研究机构、高等学校、企事业单位以及在研究和成果产业化过程中涉及生物信息学的相关部门,从事科学研究、教学和管理工作的高级专门人才。

## ››››培养要求

掌握普通生物学、生物化学、分子生物学、遗传学等基本知识和实验技能。

掌握计算机科学与技术基本知识和编程技能(包括计算机应用基础、Linux 基础及应用、数据库系统原理、模式识别与预测、生物软件及数据库、Perl 编程基础等),具备较强的数学和统计学素养(高等数学Ⅰ、高等数学Ⅱ、生物统计学等)。

掌握生物信息学、基因组学、计算生物学、蛋白质组学、生物芯片原理与技术的基本理论和方法,初步具备综合运用分子生物学、计算机科学与技术、数学、统计学等知识和技能,解决生物信息学基本问题的能力。

掌握生物信息学资料的查询、文献检索及运用现代信息技术获得相关信息的基本方法,具有一定的实验设计、结果分析、撰写论文、参与学术交流的能力。

熟悉国家生物信息产业政策、知识产权及生物安全条例等有关政策和法规。

了解生物信息学的理论前沿、应用前景和最新发展动态。

具有较好的科学人文素养和较强的英语应用能力，具备较强的自学能力、创新能力和独立解决问题的能力。

具有良好的思想道德素质和文化素养，身心健康。

具有较好的科学素质、竞争意识、创新意识和合作精神。

#### 核心课程设置

普通生物学、生物化学、分子生物学、遗传学、生物信息学、计算生物学、基因组学、生物芯片原理与技术、蛋白质组学、模式识别与预测、数据库系统原理、Linux 基础及应用、生物软件及数据库、Perl 编程基础等。

修业年限：四年

授予学位：理学或工学学士学位

### 071004 生态学

#### 培养目标

培养具备生态学的基本理论、基本知识和基本技能，能在科研机构、高等学校、企事业单位及行政部门等从事科研、教学和管理等工作的高级专门人才。

#### 培养要求

掌握数学、物理、化学等方面的基本理论和基本知识。

掌握现代生态学的基本理论、基本知识、基本实验技能和生态工程设计的基本方法。

了解相近专业的一般原理和知识。

熟悉国家环境保护、自然资源合理利用、可持续发展、知识产权等有关政策和法规。

了解生态学的理论前沿、应用前景和最新发展动态。

掌握资料查询、文献检索及运用现代信息技术获取相关信息的基本方法;具有一定的实验设计,创造实验条件,归纳、整理、分析实验结果,撰写论文,参与学术交流的能力。

### ››››核心课程设置

普通生物学、生物化学、生态学、环境微生物学、环境学、地学基础、环境生态工程、环境人文社会科学等。

修业年限:四年

授予学位:理学或工学学士学位

## ›››071005T 整合科学(2016)

### ››››培养目标

主要促进学科之间特别是生物科学与其他定量学科之间的深入交叉融合,培养新一代跨学科创新性科研人才。

### ››››核心课程设置

微积分与力学、定量分子生物学、生物化学、定量细胞生物学、整合热力学、整合化学动力学、电磁学、概率统计、量子力学与光谱基础等。

修业年限：四年

授予学位：理学或工学学士学位

## ›››071006T 神经科学(2016)

### ››››培养目标

培养德智体美劳全面发展的，具有坚实系统的神经生物学理论基础与实践技能，了解并掌握神经生物学发展的前沿和动态，能熟练使用计算机，掌握一门外语，能在本学科及相关学科领域独立开展科学研究工作，作出创造性科研成果，并能够适应我国经济、科技、教育发展的需要，成为21世纪从事生物学有关领域的研究和教学的高层次人才。

### ››››核心课程设置

脑科学、神经生物学、神经病理学、行为遗传学等。

修业年限：四年

授予学位：理学或工学学士学位

# 生物科学的优势及就业前景

我一生最大的愿望就是让人类摆脱饥荒,让天下人都吃饱饭。

——袁隆平

生物科学的应用与农业、医药、能源、食品、环境保护等领域密切相关,因此生物科学专业在人类生产、生活和可持续发展等诸多领域具有良好的发展前景。

## »生物科学的优势和应用

生物科学属于自然科学,生物科学的学习内容和人类的生产、生活、健康以及人类社会的可持续发展都有很大的相关性。例如,医药健康是生物科学研究的重要内容。学习和研究微生物学、生理学、病理学、遗传学和细胞生物学,不仅可以帮助治愈疾病,还可以拥有更健康的生活,延长人类的寿命。

此外,学习植物学、动物学和微生物学,也可极大地助力农业、畜牧业和食品工业的发展。我国人口众多,农业的发展对我国人民生活至关重要。但是,我国农产品进口中,70%是大豆。据海关统计,2020 年,我国大豆进口量首次突破 1 亿吨。除了土地短缺和自然灾害影响外,进口大豆出油率高、品质好也是主要原因,因此,促进我国农业和畜牧业种质资源的保护利用,提升生物育种水平,是生物科学研究的紧迫任务。加强相关的生物科学研究有利于我们更好地开发利用生物资源,选育优良的作物和畜牧品种以及微生物菌株,保障人类的粮食及丰富多样的营养健康食品的供给。

学习生物化学、分子生物学、微生物学、生物工程和生物技术等学科,一方面有利于更好利用生物代谢和代谢调控,理解疾病的发生原理和人类衰老的调控机理,以及生物代谢对环境信号的响应机制。另一方面,在理解分子机制的基础上,人们能更好地开发高效的酶制剂,生产药物、检测试剂和健康食品,更好地进行疾病的预防和治疗。此外,能更好地选育高效的微生物菌种,更高效地利用可再生的生物质资源替代石油基原料,生产化学品、生物材料及生物能源,降低碳排放,降低生产过程对环境的污染和气候的影响,实现生态环境保护和人类社会的可持续发展。

值得指出的是,合成生物学技术目前成为各国竞争的热点领域,国内外学者发表论文讨论下一代合成生物学预期和希望取得的10项技术进展,包括自动化和工业化、人工智能用于DNA设计、全细胞模拟设计、生物传感器、进化的精准调控、细胞通信、定制和动态合成基因组、人工细胞、具有DNA编码特性的材料、促进可持续发展的工程生物等。合成生物学正在改变世界,也是投资业重点关注的对象,很多产品已经走向生产应用,未来将对人类发展产生更深远的影响。教育部2019年批准设置合成生物学本科专业,多所大学和研究所也招收合成生物学研究方向的研究生,未来更多相关的生物科学人才将在工业、农业、医药、食品等领域,服务于实现人类更美好的生活。

## ››国内生物科学学科重点高校

在全国第四轮学科评估中,生物科学一级学科共有112所高校的学科上榜。A类大学共15所,其中$A^+$类有3所,分别为北京大学、清华大学和上海交通大学。

最新公布的第二轮“双一流”建设高校及建设学科名单正式公布,生物科学双一流学科大学共18所,其中$A^+$类有3所,分别为北京大学、清华大学和上海交通大学。

## ››生物科学专业学生毕业后能做什么?

2022年3月19日,西湖大学校长,中国科学院院士施一公教授在线宣讲西湖大学本科创新班的招生事宜，提到自己两三周之前才听说四大"天坑"专业的民间说法。

无独有偶，2021 年 7 月，武汉大学官方微博转发了资源与环境科学学院邓红兵教授的《致广大考生和家长的一封信》，为"天坑"专业正名。有的高中生对生物科学具有很浓厚的兴趣，但是由于个人或者家长等对生物科学就业的认识偏差，导致未能选择生物科学专业作为大学学习的专业。那么，生物科学专业真的是"天坑"专业吗？答案自然是否定的。

的确，过去生物科学一度被称为四大"天坑"专业之一，但是这在最近几年已经成为历史。生物科学专业就业率达到了非常高的水平，而且预计会长期保持比较好的势头，原因是随着人们生活质量的提高，对营养健康和生态环境、医疗保健及能源等相关的需求也不断提升，而这一切都和生物科学密切相关。随着人类对生物本质认识的深入和生物技术的飞跃发展，生物产业不断成熟，和人类生活也越来越紧密相连。相信在未来十年和更长远的将来，生物科学的就业形势会越来越好。

那么，生物科学专业学生毕业后能做哪些工作呢？

## ››› 根据工作性质分类

在生物科学本科学习后，很多毕业生选择继续深造，在生物科学、生物工程、生物技术、基础医学、生物信息、生物统计等不同专业方向攻读研究生学位,包括硕士研究生和博士研究生。生物科学专业毕业生可以从事的工作包括:在大学和研究所进行科学研究工作,在生物技术公司从事技术开发工作,这两类工作需要比较扎实的专业基础知识和研究技能训练,一般需要博士学位或者硕士学位。此外,在中学和大学从事生物科学教育教学工作,在海关检疫部门和疾病预防控制中心、转基因生物产品成分监督检验测试中心、科技局等作为公务员从事管理工作。还有的从事投资咨询和信息技术等工作,比如,对生物技术公司的业绩分析和投资价格评估等(图 17)。

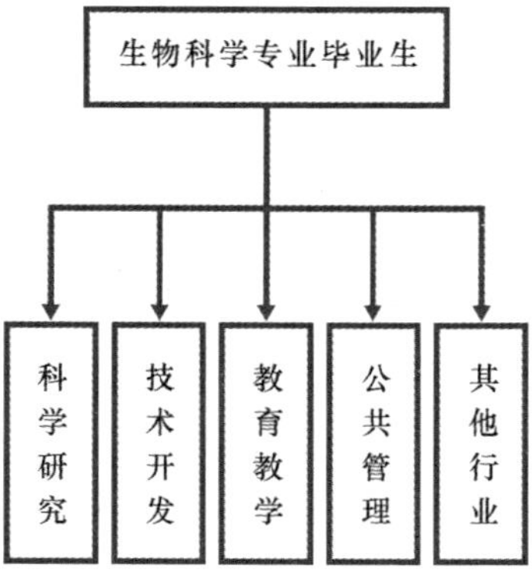


图 17　生物科学就业工作性质

另外,随着人口老龄化的加剧,养老保健和个人护理等行业也在不断发展,具有生物科学背景的人才具有很好的发展前景。

值得指出的是，随着多组学测序技术和人工智能技术的发展，人类进入大数据时代，因此生物信息分析和应用对遗传病筛查、妇幼保健等方面的应用不断完善，需要大量的生物科学专业人才，尤其是多学科交叉的人才。

具体来说，如果毕业生对生物科学研究非常感兴趣，而且动手能力比较强，愿意从事研发工作，可以在本科毕业后再经过硕士阶段（一般为三年时间）的学习，然后进入到生物技术公司，在研发部门进行实验研究。如果毕业生感兴趣探究未知的新现象和深入的分子机制，可以继续攻读博士学位，时间在本科后根据所做的课题需要 5～7 年不等，博士毕业后在高等学校或者研究所继续从事科学问题研究和技术开发。当然，在公司工作到一定阶段如果表现优秀，一般会有机会晋升为管理者，比如管理研发中心。一般博士毕业后在公司可以在短时间内达到管理研究小组组长的位置，硕士毕业后一般要经过更长的时间升职到管理岗位。其中博士毕业后在高校有可能同时从事生物科学相关的教学和科研工作，如果研究做得出色，有机会成为独立的课题组负责人，申请获得来自国家和（或）企业的经费带领研究小组从事喜欢和擅长的研究。

由于在公司从事研发工作或者在高等学校及研究所从事科学研究需要比较扎实的基础知识，因此一般需要至少有硕士学位。但是，本科毕业后也可以从事一些专业工作，比如,研发工程师,进行产品性能的测试和市场推广,还有设备技术员、质量工程师等,在研究小组从事具体课题的研究等。

### ›››根据工作内容分类

生物科学专业毕业生在不同的工作岗位从事的主要工作内容如图 18 所示。

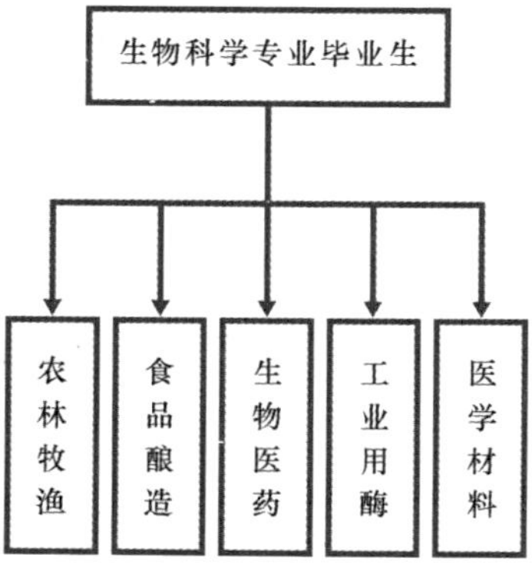


图 18　生物科学就业主要工作内容

按照工作的行业领域,生物科学毕业生的选择多得超乎想象,这与生物科学的涉及领域非常多有关,制造业,农林牧渔业,信息技术服务业和金融业,教育、科学研究和技术服务行业,卫生和社会工作、公共管理和文化行业,此外,生物科学和化学、化学工程、医学等不同学科都存在交叉,更增加了生物科学专业毕业生的就业领域。主要的工作内容具体如下:

## 制造业,包括生物医药

制造业包括农副食品加工业,食品制造业,酒、饮料和精制茶制造业,纺织业,皮革、皮毛、羽毛及其制品制造业,造纸和纸制品业,化学原料和化学制品制造业,医药制造业,废弃资源综合利用业,以及化妆品制造业等,都和生物科学有关。

根据弗若斯特沙利文(全球最大的企业增长咨询公司)的信息,2019 年全球生物药物的市场规模为 2 864 亿美元,2024 年有望达到 4 567 亿美元,复合年增长率为 9.8%。根据弗若斯特沙利文统计分析,我国生物科研试剂的市场规模也在飞速增长,从 2015 年的 72 亿元快速增长至 2019 年的 136 亿元,增速远高于同期的全球生物科研试剂市场,也体现了生物科学研究和开发应用的繁荣景象。生物医药公司已经被金融市场认为是继互联网公司热潮后的又一个腾飞板块。因此,生物医药行业需要大量的生物科学专业人才,从事抗体药物或者抗生素等小分子药物的新药开发、体外诊断试剂和疫苗的开发和技术支持、市场销售等,还包括医疗器械、生物体代谢物分析检测仪器、生物反应器研发、技术支持和销售服务等,都需要有生物科学背景的人才。比较有名的以及研发投入较多的医药公司包括恒瑞医药、中国生物制药、百济神州、石药集团等。

除了医药，高分子医学材料和可降解生物材料也是比较热门的应用方向。可降解生物材料包括胶原蛋白、聚氨基酸和聚乳酸等，这些材料能在人体生理环境中发生结构性破坏，而且其降解的产物能通过人体正常的新陈代谢被吸收或排出体外，因此主要用于药物释放的载体及非永久性的植入器械。例如，我国是透明质酸的产销大国，透明质酸不仅在医疗美容和化妆品领域广泛使用，在眼科、骨科、内镜手术和烧伤等临床应用也非常广泛。2021 年 1 月，国家卫生健康委员会发布“三新食品”公告，批准透明质酸作为新食品原料，可以在乳及乳制品、饮料类、酒类等食品中添加，带动了透明质酸发酵生产和销售的新热潮。

化学品、日化用品和化妆品行业也需要生物科学专业的人才，利用微生物发酵生产化学品和化妆品原料技术不断成熟，也需要大量生物科学专业人才。全球十大生物技术公司包括强生公司、罗氏生物技术公司、诺华、辉瑞、默克等，国内的相关公司例如华熙生物科技股份有限公司、上海伽蓝（集团）股份有限公司等，都有医药及生物化学品和活性物质开发等相关研发岗位，需要生物科学、微生物学、发酵工程、生物化学等专业人才。

工业酶制剂广泛用于不同行业。比如，生物酶可用于食品、酿造、造纸、纺织、皮革加工、日化洗涤和农副产品加工等行业，国内外有很多比较知名的酶制剂企业，包括丹麦的诺维信公司、美国杰能科公司（后被杜邦公司收购），以及国内的青岛蔚蓝生物集团有限公司、夏盛实业集团有限公司、白银赛诺生物科技有限公司和武汉新华扬生物股份有限公司等。此外，医学诊断和治疗酶制剂公司也在快速发展，比如武汉瀚海新酶生物科技有限公司、广东溢多利生物科技股份有限公司等。

除了酶制剂，食品和酿造等行业也需要生物科学相关人才从事研发和产品技术服务等工作。包括乳业集团及白酒、饮料等生产公司，等等，都需要生物科学专业，尤其是微生物、发酵工程等专业的人才。随着人类生活质量的提高，对营养和健康及医疗保健更加关注。例如，中粮集团营养健康研究院是“国内首家以企业为主体的、针对中国人的营养需求和代谢机制进行系统性研究以实现国人健康诉求的研发中心”，研发更有营养、更有利于健康的食品和保健品等，都需要生物科学专业人才。

值得指出的是，不仅是以上介绍的经典的生物相关产业，随着合成生物学技术的不断发展，投资领域对合成生物学方向公司的资本投入进入暴发期，尤其是在最近几年，新的生物科技公司也不断出现。相关的公司业务方向包括三个大的方面：一是合成生物学技术开发，比如，DNA 测序和合成等基因科技及高通量测序和生物信息分析等服务；二是软件服务、生物元件和集成系统；三是技术平台及产品生产，以及利用微生物组进行疾病治疗等。

### 农林牧渔业

除了医药和化学品等制造业，生物科学专业毕业后，可以进入农林牧渔等不同的专业领域高校和研究所进一步深造，在获得研究生学位后进入相关的工作领域进行研发或者管理等工作。例如，新疆天康集团是集畜禽良种繁育、饲料和饲料添加剂的生产、兽用药、屠宰加工和肉食品配售为一体的知名企业。此外，农业和畜牧业的种质选育，以及新型饲料和肥料开发等也需要高水平的生物科学专业人才。

### 信息技术服务业和金融业

信息技术服务业包括软件和信息技术服务，互联网和相关服务，金融业包括资本市场服务等。这两个表面上看和生物专业无关，但是网络信息技术公司和投资管理公司也需要生物科学专业人才从事相关的信息工作，例如投资生物技术公司前需要生物科学专业人才调研相关的技术先进性和市场前景等。此外，包括信息服务和金融在内的一些行业的一些岗位不限专业，所以只要有本科学历就可以满足要求。

### 教育、科学研究和技术服务行业

教育、科学研究包括在中学、大学和研究所从事生物科学相关的人才培养、实验研究等。技术服务行业指在生物技术公司从事专业技术服务、科技推广和应用服务，包括大数据分析和医疗器械服务等。

### 卫生和社会工作、公共管理和文化行业

卫生和社会工作、公共管理包括疾病预防控制中心、海关检疫部门、城市安全评估中心、转基因生物产品成分监督检验测试中心等。文化行业包括在出版社从事图书和专业期刊的编辑等工作。

由于近年来生物科学专业和生物工程专业等人才供不应求，生物科学专业早已不再是“天坑”专业。可以预见，随着生物科学研究的不断深入，生物科学专业毕业生的就业前景将越来越广阔。

# 参考文献

[1] AMUNTS K, MOHLBERG H, BLUDAU S, et al. Julich-Brain: A 3D probabilistic atlas of the human brain's cytoarchitecture [J]. Science, 2020, 369 (6506): 988-992.

[2] CAI T, SUN H B, QIAO J, et al. Cell-free chemoenzymatic starch synthesis from carbon dioxide[J]. Science, 2021, 373(6562): 1523-1527.

[3] CHANDRAMOULY G, ZHAO J M, MCDEVITT S, et al. Polθ reverse transcribes RNA and promotes RNA-templated DNA repair[J]. Science Advances, 2021, 7(24): eabf1771.

[4] COOK S J, JARRELL T A, BRITTIN C A, et al. Whole-animal connectomes of both *Caenorhabditis elegans* sexes[J]. Nature, 2019, 571(7763): 63-71.

[5] DUSSÉAUX S, WAJN W T, LIU Y X, et al. Transforming yeast peroxisomes into microfactories for the efficient pro-

duction of high-value isoprenoids[J]. Proceedings of the National Academy of Sciences of the United States of America,2020,117(50): 31789-31799.

[6] FORCHETTE L,SEBASTIAN W,LIU T E. A comprehensive review of COVID-19 virology, vaccines, variants, and therapeutics[J]. Current Medical Science,2021,41(6): 1037-1051.

[7] GIDON A,ZOLNIK T A,FIDZINSKI P,et al. Dendritic action potentials and computation in human layer 2/3 cortical neurons[J]. Science,2020,367(6473): 83-87.

[8] LIU S B,WANG Z F,SU Y S,et al. A neuroanatomical basis for electroacupuncture to drive the vagal-adrenal axis [J]. Nature,2021,598(7882): 641-645.

[9] LUO Y D,MA J J,LU W Q. The significance of mitochondrial dysfunction in cancer[J]. International Journal of Molecular Science,2020,21(16): 5598.

[10] MA J C,WANG S H,ZHU X J,et al. Major episodes of horizontal gene transfer drove the evolution of land plants [J]. Molecular Plant,2022,15(5):857-871.

[11] SALEHI-VAZIRI M,FAZLALIPOUR M,SEYED KHORRAMI S M,et al. The ins and outs of SARS-CoV-2 variants of concern (VOCs) [J]. Archives of Virology,2022,167(2): 327-344.

[12] YANG G H,ZHOU R,GUO X F,et al. Structural basis of γ-secretase inhibition and modulation by small molecule drugs[J]. Cell,2021,184(2):521-533.

[13] YIP K M,FISCHER N,PAKNIA E,et al. Atomic-resolution protein structure determination by cryo-EM[J]. Nature,2020,587(7832):157-161.

[14] 毕心宇,吕雪芹,刘龙,等. 我国微生物制造产业的发展现状与展望[J]. 中国工程科学,2021,23(5):59-68.

[15] 柴晓虹,李录山,姚拓,等. 浅谈微生物肥料的作用效果[J]. 四川农业科技,2020(2):49-52.

[16] 景海春,田志喜,种康,等. 分子设计育种的科技问题及其展望概论[J]. 中国科学:生命科学,2021,51(10):1356-1365.

[17] 李洋. 2021 年国内新登记的生物农药品种[J]. 世界农药,2022,44(2):1-8.

[18] 王会,戴俊彪,罗周卿. 基因组的"读-改-写"技术[J]. 合成生物学,2020,1(5):503-515.

[19] 尹烨. 生命密码[M]. 北京:中信出版集团,2018.

[20] 张慧,许宁,曹丽茹,等. "化学肥料和农药减施增效综合技术研发"重点专项生物源农药的标志性成果[J]. 中国生物防治学报,2022,38(1):1-8.

[21] 张晓龙,王晨芸,刘延峰,等. 基于合成生物技术构建高效生物制造系统的研究进展[J]. 合成生物学,2021,

2(6)：863-875.
[22] 种康,李家洋. 植物科学发展催生新一轮育种技术革命[J]. 中国科学：生命科学,2021,51(10)：1353-1355.
[23] 周德庆. 微生物学教程[M]. 4 版. 北京:高等教育出版社,2020.

# 附　录

## 附录1　“101计划”简介

### “101”计划究竟是什么?

“101计划”是由教育部统筹,汇聚顶尖高校、顶尖师资、顶尖出版单位等各方资源,以课程、教材、教师和实践项目等基础要素建设,来带动教育教学系统改革的一项试点工程。其重点是推进“四个一流”建设,也就是一流核心课程建设、一流核心教材建设、一流核心教师团队建设、一流核心实践项目建设。

### 为什么叫“101计划”?

2021年底,这一计划在计算机领域率先启动。计算机语言的基础是由“0”和“1”组成的二进制数,以“101”命名这个计划,代表了要从本科基础着手,遵循教育教学基本规律,打造一流的基础要素,培养拔尖创新人才。

### >>>"101 计划"目标是什么?

实施"101 计划",主要目标是通过基础要素建设的"小切口",来牵引教育教学模式的"大改革",让人才培养模式由"知识为主"转向"能力为先"。一要建好一批一流核心课程,二要建好一批一流核心教材,三要建好一支一流核心教师团队,四要建好一批一流实践项目。

### >>>目前"101 计划"在哪些领域开展?

目前,"101 计划"已经从最初试点的计算机领域推广至数学、物理学、化学、生物科学、基础医学、中药学、经济学、哲学 8 个基础学科领域,现在共 9 个学科领域。

## >>附录 2 "101 计划"牵头高校及参与高校(附表 1 ~ 附表 9)

附表 1 计算机"101 计划"牵头高校及参与高校

| 学科领域 | 牵头高校及参与高校 | | |
|---|---|---|---|
| 计算机 | 北京大学 | 清华大学 | 北京航空航天大学 |
| | 北京理工大学 | 哈尔滨工业大学 | 上海交通大学 |
| | 南京大学 | 浙江大学 | 华中科技大学 |
| | 电子科技大学 | 西安交通大学 | 国防科技大学 |
| | 北京邮电大学 | 中国科学院大学 | 吉林大学 |
| | 同济大学 | 中国科学技术大学 | 武汉大学 |
| | 中南大学 | 西北工业大学 | 西安电子科技大学 |
| | 中国人民大学 | 北京交通大学 | 天津大学 |
| | 大连理工大学 | 复旦大学 | 华东师范大学 |
| | 东南大学 | 山东大学 | 湖南大学 |
| | 中山大学 | 华南理工大学 | 重庆大学 |

**附表 2　数学“101 计划”牵头高校及参与高校**

| 学科领域 | 牵头高校及参与高校 | | |
|---|---|---|---|
| 数学 | 北京大学 | 清华大学 | 南京大学 |
| | 浙江大学 | 复旦大学 | 武汉大学 |
| | 中山大学 | 北京师范大学 | 华东师范大学 |
| | 吉林大学 | 山东大学 | 南开大学 |
| | 厦门大学 | 中国科学技术大学 | 华中科技大学 |
| | 上海交通大学 | 四川大学 | 同济大学 |
| | 北京航空航天大学 | 大连理工大学 | 东北师范大学 |
| | 首都师范大学 | 湘潭大学 | 中国科学院大学 |
| | 西安交通大学 | 兰州大学 | 北京理工大学 |
| | 哈尔滨工业大学 | 天津大学 | 南方科技大学 |

**附表 3　物理学“101 计划”牵头高校及参与高校**

| 学科领域 | 牵头高校及参与高校 | | |
|---|---|---|---|
| 物理学 | 北京大学 | 清华大学 | 北京航空航天大学 |
| | 浙江大学 | 华中科技大学 | 西安交通大学 |
| | 国防科技大学 | 中国科学院大学 | 吉林大学 |
| | 同济大学 | 中国科学技术大学 | 武汉大学 |
| | 山西大学 | 中国人民大学 | 大连理工大学 |
| | 复旦大学 | 华东师范大学 | 东南大学 |
| | 山东大学 | 中山大学 | 厦门大学 |
| | 四川大学 | 南开大学 | 华南师范大学 |
| | 北京师范大学 | 兰州大学 | 华中师范大学 |
| | 南京大学 | 上海交通大学 | 哈尔滨工业大学 |
| | 中南大学 | | |

## 附表 4　化学“101 计划”牵头高校及参与高校

| 学科领域 | 牵头高校及参与高校 | | |
|---|---|---|---|
| 化学 | 中山大学 | 北京大学 | 清华大学 |
| | 北京航空航天大学 | 北京化工大学 | 北京师范大学 |
| | 中国科学院大学 | 南开大学 | 天津大学 |
| | 大连理工大学 | 吉林大学 | 复旦大学 |
| | 同济大学 | 上海交通大学 | 华东理工大学 |
| | 华东师范大学 | 南京大学 | 浙江大学 |
| | 中国科学技术大学 | 厦门大学 | 福州大学 |
| | 山东大学 | 郑州大学 | 武汉大学 |
| | 华中科技大学 | 湖南大学 | 华南理工大学 |
| | 四川大学 | 西北大学 | 兰州大学 |

## 附表 5　生物科学“101 计划”牵头高校及参与高校

| 学科领域 | 牵头高校及参与高校 | | |
|---|---|---|---|
| 生物科学 | 西湖大学 | 北京大学 | 清华大学 |
| | 中国农业大学 | 北京林业大学 | 北京师范大学 |
| | 中国科学院大学 | 南开大学 | 天津大学 |
| | 内蒙古大学 | 吉林大学 | 东北师范大学 |
| | 复旦大学 | 同济大学 | 上海交通大学 |
| | 华东师范大学 | 南京大学 | 南京农业大学 |
| | 南京师范大学 | 浙江大学 | 中国科学技术大学 |
| | 厦门大学 | 山东大学 | 中国海洋大学 |
| | 武汉大学 | 华中科技大学 | 华中农业大学 |
| | 中南大学 | 中山大学 | 四川大学 |
| | 云南大学 | 西北农林科技大学 | 兰州大学 |

附表 6　基础医学“101 计划”牵头高校及参与高校

| 学科领域 | 牵头高校及参与高校 | | |
|---|---|---|---|
| 基础医学 | 北京大学 | 浙江大学 | 华中科技大学 |
| | 西安交通大学 | 四川大学 | 复旦大学 |
| | 中山大学 | 南方医科大学 | 南京医科大学 |
| | 上海交通大学 | 中南大学 | |

附表 7　中药学“101 计划”牵头高校及参与高校

| 学科领域 | 牵头高校及参与高校 | | |
|---|---|---|---|
| 中药学 | 天津中医药大学 | 北京中医药大学 | 黑龙江中医药大学 |
| | 上海中医药大学 | 南京中医药大学 | 中国药科大学 |
| | 成都中医药大学 | | |

附表 8　经济学“101 计划”牵头高校及参与高校

| 学科领域 | 牵头高校及参与高校 | | |
|---|---|---|---|
| 经济学 | 北京大学 | 清华大学 | 浙江大学 |
| | 武汉大学 | 复旦大学 | 中山大学 |
| | 香港中文大学 | 厦门大学 | 南开大学 |
| | 上海财经大学 | 西北大学 | 中央财经大学 |
| | 山东大学 | 中国人民大学 | 上海交通大学 |
| | 南京大学 | 北京师范大学 | 对外经济贸易大学 |
| | 西南财经大学 | 辽宁大学 | 吉林大学 |
| | 东北财经大学 | 中国农业大学 | 中国科学院大学 |
| | 广州大学 | | |

附表 9　哲学“101 计划”牵头高校及参与高校

| 学科领域 | 牵头高校及参与高校 | | |
|---|---|---|---|
| 哲学 | 中国人民大学 | 北京大学 | 清华大学 |
| | 北京师范大学 | 南开大学 | 吉林大学 |
| | 复旦大学 | 华东师范大学 | 南京大学 |
| | 东南大学 | 浙江大学 | 山东大学 |
| | 武汉大学 | 中山大学 | |

## 附录 3　“101 计划”核心课程*（附表 10～附表 16）

附表 10　计算机“101 计划”核心课程及共建院校

| 课程名称 | 共建院校 |
|---|---|
| 计算概论 | 北京大学、北京理工大学、上海交通大学、西安交通大学、北京邮电大学、中国科学院大学、中国科学技术大学、武汉大学、西北工业大学、东南大学、湖南大学 |
| 数据结构 | 北京大学、清华大学、哈尔滨工业大学、浙江大学、电子科技大学、吉林大学、北京交通大学、天津大学、复旦大学、北京理工大学、重庆大学 |
| 算法设计与分析 | 北京航空航天大学、哈尔滨工业大学、上海交通大学、南京大学、浙江大学、同济大学、武汉大学、中国人民大学、北京交通大学、天津大学、山东大学、华东师范大学 |

* 截至 2024 年 7 月，生物科学“101 计划”核心课程、中药学“101 计划”核心课程尚未发布。

（续表）

| 课程名称 | 共建院校 |
|---|---|
| 离散数学 | 清华大学、北京航空航天大学、北京理工大学、哈尔滨工业大学、上海交通大学、南京大学、电子科技大学、吉林大学、中国科学技术大学、武汉大学、复旦大学、中山大学、华南理工大学 |
| 计算机系统导论 | 北京大学、清华大学、哈尔滨工业大学、上海交通大学、浙江大学、国防科技大学、中国科学技术大学、武汉大学、西北工业大学、中国人民大学、天津大学、山东大学、湖南大学 |
| 操作系统 | 清华大学、北京航空航天大学、北京理工大学、哈尔滨工业大学、上海交通大学、浙江大学、华中科技大学、电子科技大学、国防科技大学、北京邮电大学、中国科学院大学、武汉大学、中南大学、山东大学、中山大学 |
| 计算机组成与系统结构 | 北京大学、北京航空航天大学、哈尔滨工业大学、南京大学、浙江大学、华中科技大学、电子科技大学、国防科技大学、中国科学院大学、同济大学、武汉大学、西北工业大学、天津大学、东南大学、中山大学 |
| 编译原理 | 北京大学、清华大学、北京理工大学、哈尔滨工业大学、南京大学、电子科技大学、国防科技大学、中国科学技术大学、武汉大学、中南大学、大连理工大学、华东师范大学、山东大学 |

（续表）

| 课程名称 | 共建院校 |
| --- | --- |
| 计算机网络 | 北京大学、北京航空航天大学、哈尔滨工业大学、上海交通大学、西安交通大学、北京邮电大学、吉林大学、西安电子科技大学、天津大学、大连理工大学、东南大学、山东大学、华南理工大学 |
| 数据库系统 | 北京大学、清华大学、哈尔滨工业大学、浙江大学、中国科学技术大学、武汉大学、西北工业大学、西安电子科技大学、北京交通大学、华东师范大学、东南大学、山东大学、中山大学 |
| 软件工程 | 北京大学、清华大学、北京航空航天大学、哈尔滨工业大学、上海交通大学、浙江大学、武汉大学、西安电子科技大学、中国人民大学、复旦大学、湖南大学、重庆大学 |
| 人工智能引论 | 北京大学、清华大学、哈尔滨工业大学、上海交通大学、华中科技大学、西安交通大学、同济大学、武汉大学、中国人民大学、复旦大学 |

**附表 11　数学“101 计划”核心课程及相关院校**

| 课程名称 | 相关院校 |
| --- | --- |
| 代数学 | 南开大学、北京大学 |
| 常微分方程 | 四川大学、上海交通大学、北京大学 |
| 代数几何 | 华东师范大学 |
| 泛函分析大纲 | 上海交通大学 |

（续表）

| 课程名称 | 相关院校 |
| --- | --- |
| 复变函数 | 复旦大学、深圳大学、浙江大学 |
| 概率论 | 北京师范大学、北京大学 |
| 几何 | 中国科学技术大学 |
| 计算数学 | 吉林大学 |
| 偏微分方程 | 北京大学、华东师范大学 |
| 数论 | 南京大学 |
| 数学分析 | 吉林大学、北京大学、复旦大学 |
| 拓扑学 | 北京大学 |
| 数理统计 | 北京大学、南方科技大学 |
| 实变函数 | 上海交通大学 |

附表 12　物理学“101 计划”核心课程及相关院校

| 课程名称 | 相关院校 |
| --- | --- |
| 力学 | 吉林大学 |
| 热学 | 北京大学 |
| 电磁学 | 清华大学 |
| 光学 | 中山大学 |
| 原子物理 | 北京大学 |
| 理论力学 | 南开大学 |
| 电动力学 | 复旦大学 |
| 统计力学 | 厦门大学 |
| 量子力学 | 北京大学 |
| 固体物理 | 南京大学 |

（续表）

| 课程名称 | 相关院校 |
| --- | --- |
| 计算物理 | 北京大学 |
| 数学物理方法 | 北京大学 |
| 实验物理(a)<br>普通实验物理 | 中国科学技术大学 |
| 实验物理(b)<br>近代实验物理 | 中国科学技术大学 |

**附表 13　化学“101 计划”核心课程及相关院校**

| 课程名称 | 相关院校 |
| --- | --- |
| 普通化学 | 北京大学 |
| 无机化学 | 厦门大学 |
| 有机化学 | 北京大学 |
| 分析化学 | 湖南大学 |
| 物理化学 | 浙江大学 |
| 结构化学 | 武汉大学、南开大学 |
| 高分子化学与物理 | 中国科学技术大学 |
| 化学生物学 | 清华大学、北京大学 |
| 基础化学实验 | 南京大学、南开大学、上海交通大学 |
| 合成化学实验 | 中山大学、吉林大学、兰州大学、四川大学 |

（续表）

| 课程名称 | 相关院校 |
| --- | --- |
| 化学生物学实验 | 北京大学、清华大学 |
| 化学测量学实验 | 厦门大学、复旦大学、南京大学 |

**附表 14　基础医学“101 计划”核心课程及相关院校**

| 课程名称 | 相关院校 |
| --- | --- |
| 医学分子细胞遗传基础 | 北京大学、中山大学、复旦大学 |
| 病原生物与医学免疫基础 | 北京大学、浙江大学、复旦大学 |
| 人体形态与功能总论 | 北京大学、西安交通大学 |
| 循环系统 | 北京大学、中山大学 |
| 呼吸系统 | 中南大学、华中科技大学 |
| 运动系统 | 北京大学、南方医科大学 |
| 消化系统 | 南方医科大学、浙江大学 |
| 泌尿系统 | 北京大学、复旦大学 |
| 生殖系统 | 北京大学、华中科技大学 |
| 内分泌系统 | 北京大学、浙江大学 |
| 神经系统 | 北京大学、华中科技大学 |

（续表）

| 课程名称 | 相关院校 |
|---|---|
| 基础医学核心实践与创新研究 | 上海交通大学、四川大学 |
| 基于理工信的人体系统 | 南京医科大学、中南大学 |
| 基于理工信的医学数据采集与分析 | 北京大学、四川大学 |

**附表 15　经济学"101 计划"核心课程及相关院校**

| 课程名称 | 相关院校 |
|---|---|
| 经济科学导论 | 北京大学 |
| 数理经济学 | 山东大学、香港中文大学 |
| 计量经济学 | 厦门大学、上海财经大学 |
| 行为与实验经济学 | 浙江大学、武汉大学 |
| 政治经济学 | 南开大学 |
| 微观经济学 | 复旦大学、北京大学 |
| 宏观经济学 | 对外经济贸易大学、上海交通大学 |
| 新结构经济学 | 北京大学、南京大学 |
| 经济史与经济学说史 | 中国人民大学、中山大学 |

（续表）

| 课程名称 | 相关院校 |
|---|---|
| 中国特色社会主义政治经济学 | 北京大学、东北财经大学 |

**附表 16　哲学"101 计划"核心课程及相关院校**

| 课程名称 | 相关院校 |
|---|---|
| 中国哲学 | 北京大学 |
| 中国哲学史 | 中国人民大学 |
| 西方哲学 | 北京大学 |
| 西方哲学史 | 北京师范大学 |
| 逻辑学导论 | 浙江大学 |
| 伦理学 | 东南大学 |
| 宗教学概论 | 武汉大学 |
| 政治哲学导论 | 中国人民大学 |
| 科学哲学 | 复旦大学 |

# 后　记

奇妙的大自然经常让人惊叹，也一直深深吸引着我，尤其是多彩多姿的植物和动物，让我从小就对生物学产生了浓厚的兴趣。自从三十多年前进入大学学习生物科学以来，我深刻体会到生物科学的飞速发展，尤其是近几年，全球对生物医药产生了前所未有的关注。然而，社会上生物科学是“天坑”专业的说法，也让我深刻意识到，迫切需要让更多的人了解学习生物科学的意义，让更多的青年学子对生物科学的未来充满信心。因此，我欣然接受了撰写《什么是生物科学?》这本书的邀请。同时，也非常幸运地得到赵帅、冯家勋两位老师的大力帮助，才使得本书得以顺利完成。

这本书的主体内容是赵帅老师完成的，我本人撰写了微生物学知识的部分内容，以及最后一部分生物科学专业毕业生未来就业等相关内容。感谢冯家勋老师对本书提供宝贵的指导意见，并进行了认真的修改。非常高兴地看到，经过几个月的写作和修改，在编辑老师的大力帮助下，这本书终于要与读者见面了。

在本书即将出版之际，谨向参与这项工作的其他合作者致以衷心的感谢。感谢为本书提供图片的友人：付玲玲、李昕悦、罗锦、石良芳、王慕瑶、叶佩良、张润泽、郑博文，其中张润泽小同学才十几岁，是本书插图作者中年龄最小的。感谢苏春老师指导张润泽作图。此外，也很感谢博士生李昕悦和硕士生周明海参与部分写作。

生物科学包罗万象，妙趣无穷。寥寥数页，很难囊括全部。《什么是生物科学?》概要介绍了生物科学的基本知识点和部分热点，希望能起到抛砖引玉的作用。本书可能存在不妥或者疏漏之处，恳请同行和读者批评指正。希望本书的出版，有助于让更多热爱生物科学的青年学子进入高等学府的生物科学专业学习，未来投身生物科学相关的研发和工作中，为人类更美好的生活贡献自己的力量。

**赵心清**

**2024 年 8 月**

**于上海交通大学**